工业设计手绘快速表现
从创意表达到设计应用

▰ 旅游纪念商品　▪　消费电子产品　▪　家居轻工产品　▪　工业设备产品 ▶

周　睿　费凌峰 / 著

RAPID SKETCHING SKILLS
IN INDUSTRIAL DESIGN
FROM CREATIVITY
EMBODIMENT TO DESIGN
APPLICATION　Rui ZHOU & Lingfeng FEI

U0266550

科学出版社
北京

内 容 简 介

快速设计手绘是工业设计师及产品设计开发从业人员必备的基础技能，而手绘在当今计算机信息技术高度发展的背景下依然具有自身的独特作用与应用价值。本书论述了手绘的价值及其发展趋势，以水溶性彩铅、色粉和马克笔这三大类最常用的快速表现技法为核心，结合作者自身的手绘经验，总结出原创性的"基础笔法十式"，成为快速提升手绘技艺的"窍门"。在手绘案例部分，详细地解析了三类技法独立使用与结合使用的方法与步骤。为了突出手绘的设计应用目的，跨越技法模仿形成的依赖性鸿沟，本书又以表现实物产品为例，详细阐述了手绘技法在信息电子、家居轻工（含旅游商品）与工业设备这三类产品表现过程中的运用。

本书可为工业设计、产品设计等相关专业的本科生与研究生，在产品设计领域从事开发工作的职场新人，以及对设计手绘技能有相关需求的技术人员和对产品手绘表现感兴趣的读者提供参考。

图书在版编目(CIP)数据

工业设计手绘快速表现：从创意表达到设计应用 / 周睿，费凌峰著.
— 北京：科学出版社，2016.9
　　ISBN 978-7-03-049743-7

　　Ⅰ.①工… Ⅱ.①周… ②费… Ⅲ.①工业设计—绘画技法 Ⅳ.
①TB47

中国版本图书馆CIP数据核字（2016）第208009号

责任编辑：杨岭　杨悦蕾 / 责任校对：杨悦蕾
责任印制：余少力 / 封面设计：朱思贤　费凌峰

科 学 出 版 社 出版
北京东黄城根北街16号
邮政编码：100717
http://www.sciencep.com

四川煤田地质制图印刷厂印刷
科学出版社发行　各地新华书店经销

*

2016年10月第 一 版　　开本：890×1240 1/16
2016年10月第一次印刷　　印张：10 1/2
字数：270千字

定价：60.00元

作者简介

周　睿

西华大学艺术学院副教授，硕士研究生导师

四川省旅游局首批省级旅游业青年专家

四川省教育厅研究基地工业设计产业研究中心副主任

UXPA中国西南分会副会长

于1981年出生，四川泸州人。主要研究方向为交互设计与用户体验、旅游文化创意设计。已在CSSCI、CSCD、EI、北大中文核心等各级别期刊上发表学术论文60多篇。主持文化部、省社科规划等省部级研究项目3项，省厅局级研究项目17项。拥有3项APP的软著权。在产品设计开发、交互设计与用户体验、文化创意设计等领域拥有多项成功的开发设计实务案例。在设计手绘教学方面主讲《产品效果图》等课程，从事一线的手绘效果图教学工作10年。

Email：raychou@126.com

费凌峰

成都东软学院数字艺术系教师

成都猫熊伙伴电子商务有限公司CIO

IDSA会员

UXPA中国西南分会委员

于1986年出生，四川宜宾人。主要从事文化创意设计、交互展陈体验、互联网品牌运营方面的研究。已发表学术论文10多篇。主持有5项省厅级与副省级的研究项目。曾任职于成都博物院设计陈列部，作为主力设计师参与了诸如都江堰抗震救灾纪念陈列馆等多项政府重大项目的展陈设计、平面设计等。目前在成都东软学院数字艺术系任教，从事工业设计的教学工作。

Email：feilingfeng@vip.qq.com

澜山的网站 http://www.lanculture.com

澜山的博客 http://blog.sina.com.cn/designlan

前　言

　　当前，工业设计正向"先进制造"全面迈进，并与"互联网+"逐步融合。在此发展背景下，设计手绘作为设计师的一项传统技能，开始面临着诸多发展的困惑，其价值也受到许多质疑。作者在日常的教学、科研、设计等工作中也时常会遇到"手绘重不重要"这样的疑问声音。作者的回答是：既重要、也不重要。首先，设计手绘的作用虽然随着计算机软件技术与智造技术的发展和普及发生了一些变化，但它的重要性毋庸置疑，尤其是在思维启发、创意构思、设计交流和方案沟通方面，手绘依然有着不可替代的独特价值。但是提出"手绘重不重要"疑问声音的学生或设计师，他们看待设计手绘表现技能过多地将视野集中在了"手绘"的层面，而往往忽视了"表现"的根本目的与核心内涵。工业设计手绘表现技能本质上只是一种表达的方式、呈现的手段而已。通过手绘形式传递表达出某些内容，认知其价值的判断点之一在于是否达到了相应的绘制目的、完成了相应的绘制目标。因此，设计手绘要重构其存在价值，就必须越过绘画形式的意义，立足于创意表达的基础，把设计应用作为技能掌握的根本目的。在手绘技法的学习训练阶段，重视对手绘技能的表达实践，明确将手绘表现作为设计项目开展过程中的一环，突出设计手绘技法的应用价值和现实意义。摒弃"为了绘而绘"地孤立看待手绘行为本身，这样才能对一味进行模仿绘制而形成的依赖性进行"断奶"。许多设计专业的同学和职场新人，根本无法将习得的手绘技法运用于实际产品绘制和构思方案的表达呈现上，再有设计风格的手绘图也俨然成为一张废纸。不能将这些绘制技法和经验技巧用于创意构思表达并在实务项目设计阶段融汇运用的手绘自然没有了存在的根基。过分强调绘制技能本身的重要性，这显然是对手绘的误读。正如工业设计是一门应用性极强的学科一样，手绘表现绝不能与技法实践和设计应用割裂。

　　作者多年来在设计实务项目、研究项目和教学践行中积累了诸多工业设计手绘经验。手绘表现不仅在传统工业设计领域的实体产品设计中常常使用，同时也在APP开发过程中的用户研究、交互、UI设计等方面都有着应用需要。本书中，作者将这些经验做了梳理汇总，希望能给读者朋友带来新的内容与想法，一同探讨、交流和推进设计手绘的应用性发展。手绘技法本身是动态的，而文字是静态的描述，因此尽管有诸多绘制步骤解析图来辅助呈现，但总归有不同类型的视觉信息转换过程。因此在写作行文上，作者立足于手绘技法的实践应用性，从消费电子产品、家居轻工产品与工业设备产品这三大常见类型产品的绘制方式入手，以典型手绘技巧与实际产品表现案例相结合的形式来讲解。除了前面章节的理论探讨，在手绘技法解析阶段，作者摒弃了艰涩的专业术语，将自己的经验和心得用通俗直白的语言予以总结和阐释，譬如"笔法十式"就是作者自己的归纳总结，这些原创的笔法总结及其称谓，虽然没有学术化的文字表达，但却可以辅助读者有效地理解这些技法，较容易地掌握并应用于产品表现和构思呈现。诸如"补救措施"，也是源自作者自己的失误总结，可以直接运用于应对设计手绘中的常见"事故"。这些"小窍门"就是为了解决实际问题，间接说明了技法解析的硬道理——应用才是设计手绘存在的现实意义。

书中除注明了绘制者姓名的 6 幅图以外，其他所有的手绘表现草图、创意构思图、步骤图、产品效果图等均由作者周睿本人绘制。全书主要包括各类手绘效果图和技法理论与阐述解析技法两大部分。作者周睿除了负责所有产品效果图的绘制工作以外，还主笔了第一、二、四、六、七章的文字内容；费凌峰参与了第三章、第五章及附录的部分撰写工作。

本书的出版得到了四川省科技厅 2015 年科技支撑计划项目"四川省工业设计云服务平台研发与应用示范平台"（编号 2015GZ0080）和四川省旅游局四川省旅游业青年专家培养计划项目支持。

由于水平所限，书中可能存在疏漏不足之处，恳请广大读者批评指正。

周　睿

于西华大学艺术大楼

四川省教育厅人文社会科学重点研究基地

工业设计产业研究中心

2016 年 7 月 25 日

目　　录

工业设计手绘快速表现

从创意表达到设计应用

▲ 旅游纪念商品 ■ 消费电子产品 ■ 家居轻工产品 ■ 工业设备产品 ◣

第一章

树立观念：
手绘价值

一

概述

　　本书的内容主要涉及工业设计领域的快速表现手绘，它与日常所说的设计草图、产品效果图、精绘效果图等有什么区别呢？首先，从图1-1～图1-3开始说起。从最简单最直接的视觉效果感受进行区别，从左往右可以看出，手绘图的复杂程度是依次增加的。自然而然，它们绘制所需的时间也相应地增长，分别是6分钟、60分钟和360分钟（6小时）。图1-1所示为"创意草图"，或称"方案草图"、"构思草图"；图1-2所示的手绘可以称为"概略效果图"或"快速效果图"；"精绘效果图"是指如图1-3所示的需要较长时间绘制、追求诸多人微的造型细节与材质细节的效果图。因此，一般笼统说的"效果图"包括了图1-2和图1-3，"快速表现"则囊括了图1-1与图1-2。由此可见，工业设计手绘快速表现效果图既可以非常迅速地完成对创意构思的呈现，也可以相对较快地对造型、材质和某些细节予以表现。一般说来，工业设计手绘的快速表现时长不宜超过60分钟。区别于精绘效果图，快速表现的主要目的不在于让画面多么逼真写实或美观漂亮，而重在 "快速"和"表现"这4个字。前者体现了手绘的时间限定，后者则说明手绘的重要目的在于将画面以恰当的形式予以展示，并赋予其相应的说明性和阐述性。

图1-1　休闲椅

图1-2　空调扇

图1-3　摄像机

二 手绘的作用

专业的计算机设计软件在工业设计中是不可缺少的，并且越发处于主导地位，而设计表现的手绘技法也因此越发被轻视。但无论手绘的表现还是计算机软件的表现，在设计方案的展示过程中都只是一种技巧，而任何技巧都有着它的优势和局限性。设计的表现是一种直观的视觉形象语言，是对产品功能、形态、材质、色彩等的展现，通过形象的图形、图像等，真实、完整地表达设计创意，起到设计沟通与交流的作用。在计算机信息技术时代，重新梳理设计手绘表现的用途和价值，对从观念上重构手绘表现认知颇具意义。

1 手绘是重要的设计过程之一

设计手绘的根本作用在于启迪设计思路、传递设计信息、展示方案效果等，而绝非仅仅为了画而绘。尤其是在创意构思阶段，手绘不可或缺，尽管效果表现可能会利用计算机技术手段通过建模渲染予以呈现，但就设计行为及其目的本身来讲，手绘是设计过程中的重要一环。哪怕是在数位板上进行绘制，看似在电脑上操作，但本质与纸质手绘是一样的，只是耗材和介质发生了改变。

2 手绘是激发创意形成构思的重要手段

设计是一种创造性的活动，产品设计也不例外。设计的基本出发点是人的大脑的创造性思维。手绘技法的作用还在于利于手和脑的协调配合，激发设计灵感的产生和创意的萌发。几乎所有的设计师在进行创造性的设计构思时都离不开手上的"写写画画"，该过程不一定就是在记录某些成形的想法或思路，可能看似"涂鸦"但往往正进行头脑风暴，是促进形成具体构思的"前奏"。手绘的随意性、高效性和替进性能让设计想法源源不断地流淌而出。思维驱动图形、图形诱导思维才是手绘最闪光的地方。

3 手绘是记录设计构思的便捷方式

由于设计思维的突发性，手绘表现可以更加方便而迅速地捕捉和记录。但如果仅仅凭借电脑绘图技术表现设计，就很容易使设计在构思刚开始就陷入具体的形态、尺寸等问题，而且从时效性来看，电脑表现难以在创意灵感迸发的瞬间进行存记，从而束缚了设计者的创作思维。因此，为了不让"灵光显现"一般突然迸发的好点子溜走，很多设计师都随身携带迷你手绘本，用于随时随地记录创意。

4 手绘是设计呈现及沟通的重要手段

一方面，手绘表现兼具生动直观、形象具体的设计方案呈现特征，同时也正是由于其便捷性，而能在设计讨论、设计交流、设计评价等情境中成为一种沟通手段。在方案探讨阶段，手绘能即时呈现阐述内容，极大地方便了交流沟通，尽管在表现形式上可能非常潦草或粗犷，但此时的手绘主要是为了交流想法、碰撞思想。尤其在设计实务项目中，手绘是设计沟通的必备手段。如图1-4和图1-5所示，这是作者在实务项目中与其他团队成员进行沟通时绘制的手绘，一般3~4分钟完成，目的就是交流。设计交流与沟通不仅仅限于设计团队内部，也包括与客户或设计委托方之间的沟通。

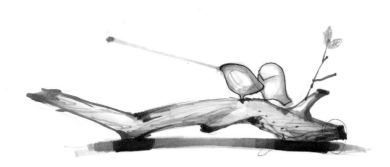

图1-4　禅意香插草图　　　　　　　　　　　　　　图1-5　小狗形态音箱草图

5 手绘是具有审美价值的一种作品形式

无论是精绘手绘还是草图手绘，都可以具有审美价值，甚至艺术价值。绘制精良的手绘表现图可以被大众欣赏，已超越了设计效果呈现这一目的。而某些大师级的草图手稿还具有收藏价值。如图1-6和图1-7所示，都是作者指导的学生手绘课程习作（丙烯技法），表现对象的复杂使绘者耗费了较大的精力，手绘本身的效果也可圈可点，因此同样具有一定的审美价值。

图 1-6　精绘摩托车（绘制者／付瑶鸿，学生）

图 1-7　精绘摩托车（绘制者／覃娟，学生）

6 手绘是进行电脑制作的基础辅助

　　由于某些产品类型的工业设计软件制作非常耗时耗力，即人工成本、脑力成本与时间成本都比较大。因此，当设计方案达到成熟阶段才会开展电脑制作工作。从工业设计的设计阶段特征和设计管理的必要性来看，手绘可以为电脑制作提供帮助，形成辅助性的作用，保障设计项目的顺利推进。如图 1-8 所示，这是作者作为项目负责人的"重庆中特"砌块机设计实务项目设计过程中团队产出的创意构思手绘图。图 1-9 是从手绘创意推进到电脑制作后的电脑效果图。因此，真正的设计手绘根本上是为了应用，其过程在于"表"，成果在于"现"，而绝非桎于"绘"本身。

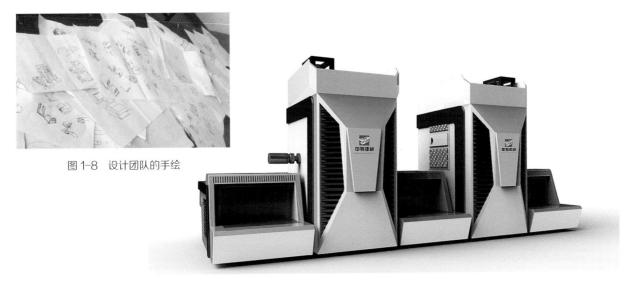

图 1-8　设计团队的手绘

图 1-9　建模渲染效果图

工业设计领域的设计手绘并不仅仅用来表现产品设计，根据工业设计师的业务范畴、学科发展的趋势、学术的前沿拓展等，设计手绘的内容范畴也在不断发生变化，手绘的趋势也呈现出动态发展的特征。

1 手绘包括视觉传达设计的内容

工业设计是包容性较强的专业，并且具有开放性的特质。因此，其设计业务或项目经常涵盖或涉及传统视觉传达设计领域，诸如包装设计、标识设计、版式设计、品牌形象设计等。工业设计手绘表现也自然包括了这些内容。只是由于产品的表现对绘者技能要求更高，需要专门进行训练而被强调了。如图1-10，这是作者设计某品牌形象时的创意草图手绘稿，图1-11的电脑效果成稿便源于此。

图 1-10　品牌形象创意草图　　　　　　　图 1-11　品牌形象设计
（设计委托方：成都猫熊伙伴电子商务有限公司）

2 UI设计是当前的重要发展领域

现在越来越多的工业设计专业毕业生从事UI设计工作。UI设计领域的icon设计、界面设计、Banner设计等，往往都需要在前期进行创意手绘。以图标设计为例，尤其是写实型的图标，在进行电脑制作之前都必须进行手绘，有的手绘要非常精细，甚至不亚于精绘效果图的表现程度。如图1-12和图1-13所示，是UI设计领域的图标设计手绘创意表现图。鉴于工业设计发展与移动互联网领域高度交集，用户体验设计（UED）领域几乎成为工业设计的重要发展方向，因此工业设计手绘应该思考将UI设计，包括后面谈及的交互设计等所需的手绘技法和技巧一并纳入。

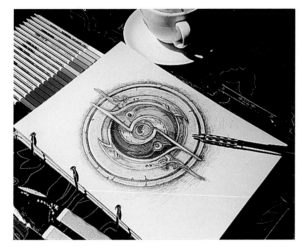 

图1-12 图标设计的构思手绘　　　　　　　　　　图1-13 图标的电脑制作效果
（图1-12与图1-13的作者为岳岚，该图片资料源自站酷网）

3 手绘也是交互设计师应备技能

随着信息技术的发展，在电子产品乃至传统家电产品的设计研发上，工业设计的造型空间越来越小，电视机就是典型的例子。因此，交互设计是当前工业设计师开始交集的重要领域。广义的交互设计范畴涵盖了用户研究等具体环节。因此，交互设计师往往需要图形图像类、故事场景类等手绘技能。譬如，完整的故事板的呈现往往综合囊括了人物角色、情节叙事等，也常需要手绘字体的辅助。而传统的产品造型手绘训练中对这些内容涉及较少。这方面的技能训练应根据学科发展趋势进行强化。

4 手绘的发展应定位于实践与应用

设计手绘不应当局限于绘画表现的层面，而应该充分地与设计实践和设计应用紧密结合。手绘服务于设计行为或设计过程本身，而无须过分强调其独立性，否则就会异化为一种独立的画种。从这个角度来说，手绘既重要也不重要。从技法的训练角度来讲，手绘切忌仅停留于模仿阶段，必须进行实际产品或产品实物的表现训练，同时结合设计实务项目才能真正发挥手绘的价值。从技法的发展角度来讲，手绘应该与时俱进，无论是前述的表现内容与学科范畴的拓展，还是与数位板、APP、VR等技术的发展融合。譬如，数位板手绘已经很常见，而在进行交互设计时，低保真手绘原型可以通过Mockplus、POP、快现等APP实现掌上的操作测试，以提供设计师进行迭代的判断。手绘同样呈现出"互联网+"的发展态势：当下虚拟现实技术、各种新媒体交互技术正是热

四
手绘与工匠精神

点，同样，手绘参与到应用中可以发挥更大的价值，而绝不应仅仅桎于纸或停于绘。

早在包豪斯时期，工业设计师就需要与工人师傅等紧密配合、协同工作，甚至一部分匠人师傅其实就是工业设计师。随着时代与技术的发展，设计逐步发展作为独立环节，但同样必须置于一个产业链中，才能实现从创意到制造的过程，使得设计方案真正落地。工业设计手绘发展与时俱进、与先进技术融合的同时，在某些领域又呈现出传统的一面，这种情形有点类似"双轨制"：现代与传统、先进制造与手工艺。当前提倡的"工匠精神"不能仅仅强调"匠"的技术层面，更应该理解其精神层面，即无论是制造还是传统手工制作，都需要对事物和事理孜孜不倦的追求、持之以恒的探究、精益求精的务实、细致入微的严谨等。"工匠"意味着经验的沉淀、技术的精湛、卓越的恪守和品质的坚持。

就狭义的工业设计手绘来讲，在某些领域，手绘不一定必须与计算机技术结合，或者说，手绘不一定必须与工业化制造技术构成产业链。它们或许就立足于传统的一面，与手工技艺配合，同样能创造出富有创意、具有创新的产品。譬如，在鞋包革类产品行业，鞋子的设计师往往直接拿走手绘图稿，与楦头师傅进行沟通，快速制作出革制品样品。鞋子设计这个垂直领域也有着该领域的专业计算机建模渲染软件，但在许多情况下，手绘表现的设计方案稿也可以承载方案展现、方案沟通的作用。又譬如旅游商品领域，以玛瑙、玉石等旅游工艺商品为例，设计师通过手绘图样可以直接与工匠师傅进行创意构思沟通，通过工匠师傅精湛高超的雕刻技术，结合他们自身对工艺品的理解与审美，也可以将设计手绘图从创意的纸上表达变现为实物。手绘的应用越过了方案呈现目的，成为工匠眼中的造物，创意在设计沟通中得到了升华。

图1-14是作者手绘的一款玛瑙材质的文化创意产品（旅游商品）开发设计创意稿。经过手绘创意草图，并配上相应的创意说明，再与雕刻匠师沟通，最后就呈现出了针对成都旅游的文创产品——芙蓉香锥炉（图1-15）。以成都市花芙蓉花为造型创意，三片晶莹剔透的芙蓉石雕刻为花瓣，围合为一朵含苞待放的芙蓉立于粗糙的玛瑙原石上，而中央的花蕊放置香锥，缭缭青烟宛如绽放的花香。

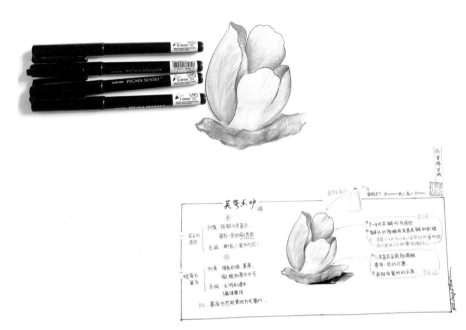

图 1-14　文创产品开发设计手绘稿：芙蓉香锥炉
（设计委托方：成都澜山文化传播有限公司）

图 1-15　文创产品芙蓉香锥炉实物
（本产品系成都澜山文化传播有限公司开发）

　　作者对上述案例进行比较详细的阐述，一方面是为了呈现手绘草图从创意表达到产品落地的过程，另一方面也为了说明手绘在某些领域的重要作用。计算机信息技术发展迅猛，并不会冲淡设计手绘表现的价值。与工匠精神一样，既坚守传统，也与时俱进；既垂直深挖，也融合发展。手绘的核心价值内涵不在于"绘"本身，而在于对设计目标的达成。

第二章

基础笔法：
笔法十式

纵然产品的类型很多，形态更是千差万别，但工业设计手绘快速表现的内容要素归纳起来主要有以下几点：

1 时间前提

任何手绘都有时长的限制，无论是纸质手绘，还是数位板上的电脑手绘。那么快速表现当然就有时间前提，即手绘时长不宜太长，且区别于精绘的产品效果图。因表现内容的复杂程度各异，手绘时长不尽相同。一般来说，快速表现少则数分钟，多则不超过一小时。

2 产品形态与结构

工业设计的手绘区别于环艺设计、动漫设计等，主要表现对象以产品为主体。产品主体的表现内容涵盖了产品的造型形态、结构特征、零部件或构件等。有的以呈现造型风格为主，有的以表达结构构造为主，还有的则是为了描绘局部或细节的式样与形态。

3 产品材质与肌理

除了造型以外，工业设计手绘还需要通过描绘来阐述产品的材料、质地、肌理、纹饰、光泽等。当今的产品很多情况下都不是由单一的材料制造而成，一个产品往往由多种材料的部件组合而成。快速手绘虽然不能将某些材料质地表现得惟妙惟肖、逼真写实，但用户能一眼明白所绘产品大致的材料及属性。

4 产品功能说明

功能是产品设计的重要内容，设计手绘在某些情况下需要对其予以阐述。除了文字形式以外，更多是需要通过产品的使用场景、使用状态、使用步骤等以图形化、视觉化的方式来描述。譬如家具产品的安装说明，图形方式的阐述远比文字的阐述更直观和有效。

5 文字与图符

在真实的设计实务项目中，手绘图除了图形图案以外，往往或多或少都离不开文字的阐述与说明。而许多产品本身也有着诸多的图符、图标等，这些也属于手绘表现的内容，虽然不是核心，但依然是内容要素的组成部分。

二 技法的关联性

纸上视觉呈现的核心是产品的造型形态与材质肌理。从本质上来讲，在此核心基础之上，手绘是线条和颜色这两大塑形核心手段的有效组织。因此，从绘制的技法上来讲，形态与材料两大表现内容之间有着相关性。以产品的玻璃罩构件为例，玻璃材质构成了罩子形态本身。那么，手绘表现该构件，表现形态的同时也在表现材质本身，这两者相互依存不能分割。所以玻璃的光影光泽与产品构件的表现实则融为一体。故而技法上，手绘呈现出了"形态-材质"的高度关联性。

基于该技法关联性原理，可以寻求一个兼具形态与材质的产品载体，以此为基础就能从技法上打通手绘要表现的内容要素。技法关联性原理一方面

11

具有基础的普适性，即在表现大部分的内容对象时均会高频地使用；另一方面又好比一种"通道"，从绘制造型形态到绘制材料质地，都能相应变通地应对或处理；同时还具有变化性，经过重构或改变，适应需要呈现的某些特殊情况。

通过这种"形态-材质"的技法关联性原理，可以发现，屏幕的绘制，具备承载该原理的大部分特征。所以，作者尝试着构建诸多不同的屏幕手绘方式。这些屏幕表现的方法，可以较好地运用于表现产品的形态、材料、光影等方面。这意味着，熟练掌握了各种屏幕绘制方法后，绘制具体的产品过程便是对这些方法综合运用与恰当组织的过程，再加之局部的变通，那么在有限的时间内即可呈现出所要表现的绝大部分内容。可以称之为"窍门式"的基础笔法，它源自"形态-材质"的技法关联性原理，从屏幕绘制的各种方法中演化而来。由此可以说，绘制屏幕技法娴熟掌握后，在表现产品的形态、材质等的时候，就可以"见招拆招"了，即表现不同的内容选择不同的方法来应对。

三

基础笔法：
从绘制屏幕到表现产品

1 第一式：勾线法

在仅使用针管笔、勾线笔等单色细笔时，如何仅仅通过线条就表达出屏幕的含义或屏幕的效果？一般说来，就是要抓住屏幕的材质属性，屏幕的反光、高光等特征，使用单纯的单线线条予以描述。

笔法关键词：线条，单线，勾勒。

如图2-1和图2-2所示，均是用单线条来表现屏幕。若没有了这些线条，屏幕就可能仅仅被理解为一个带有透视的块面，甚至仅仅被理解为一个不规则的四边形而已。

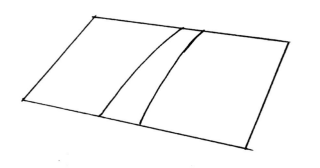

图 2-1　勾线法 1

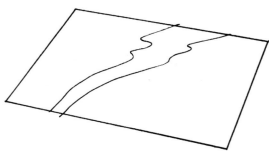

图 2-2　勾线法 2

　　图2-1绘制的要点是让线条具备下列特征：①每一根线条均稍带弧度；②线条干净利落，没有任何断续、顿挫；③两根线条并不是平行关系，线条头之间的距离一头比另外一头窄。勾线法切记不能让线条出现像平行线"∥"一样的排布。按照从上向下绘制的顺序，下端逐步分开。

　　图2-2实则是勾线法1的变形。绘制的要点是让单线线条具备以下特征：①单线线条产生圆滑性的抖动效果，往往呈现三至四次"转弯"弯曲；②线条要利索，中途不断、不顿挫；③两条线之间的关系也不能是平行关系，而应是一边的落笔处比另外一边宽，线头之间的宽窄关系与图2-2相反。

　　勾线法1和2可以广泛地应用于只使用单线条（两三条线条的情况）表现屏幕的绘制类型。勾线的本质是通过线条表现屏幕上的高光与反光。除此以外，单线条还可以产生其他一些变化，以应对特殊的绘制需要。如图2-3所示，这是一款订书机产品，使用单色线描是为了表现订书机上盖的光影，同样使用图2-2中的勾线法。本产品的马克笔技法手绘表现可以参见第七章。

图 2-3　勾线法在真实产品线稿上的应用

2 第二式：线描法

使用线条表现屏幕的时候，除了单线条表现，还可以用一组线条的排线来呈现。如图2-3所示，和勾线法不同的是，勾线法以勾勒单线形成对屏幕的表达，而线描法则是将多条线条通过恰当的组织形式来表达，在这种组织形式下，单线条或两三根线条不具备表现性。线条的组织原则是，将线条形成块面的效果，并可融入对光线的反馈。

笔法关键词：线条，排线，块面。

图2-4的线描法方法原理是：通过组织排线来对反光的面进行表达。具体过程是：①在屏幕上沿往右下角绘制一撇"丿"，这一撇的笔法特征有弧线型和尾部提笔虚化；②从一撇的开始处，依次均匀描线和排线；③当排线到一撇的末尾处时，开始逐步在尾部提笔进行虚化；④将线条排满整个一撇与屏幕边沿形成的围合面积。

通过线描法的表现原理与绘制过程可以看出，线描法布线形成的"阴影"是为了描绘屏幕在受光下形成的反光块面。并且通过多根线条尾部的提笔虚化，形成类似于光晕的效果。如图2-5所示，该产品线稿上就两次使用了该技法方式：一处是在正面的小屏幕上，另一处是表现顶部凸起造型的反光。

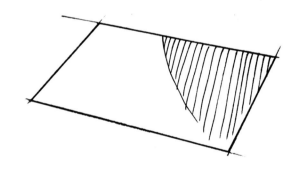 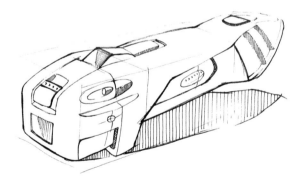

图 2-4　线描法绘制屏幕小 　　　　　　　　　　图 2-5　线描法在产品线稿上的应用

3 第三式：转笔法

转笔法是使用马克笔技法来表现屏幕的方式之一。顾名思义，该笔法的重要特征就是转笔。马克笔宽笔的一头为斜向的，可以通过旋转笔杆来获得想要的粗细不同的笔痕。而且该过程是动态的，即一笔之间，通过转笔，即可获得粗细、深浅的变化。马克笔的转笔法是一项极为重要的基础笔法，除了绘制屏幕，还广泛运用于产品表现上，无论是整体还是局部、形态还是材质等，其使用面都非常广。

之前的勾线法与线描法属于线稿阶段的技法，而从转笔法开始则属于上色的技法。为了阐释清楚转笔法的运笔情况，这里使用黑色马克笔演示，如图2-6所示。

图2-6 转笔法绘制屏幕

笔法关键词：转笔、弧线、变化。

(1)"转笔"是指在使用该笔法过程中对马克笔进行不断的转向。哪怕是仅仅绘制屏幕这么小的一块面积或一段距离，都需要多次的转笔。

(2)"弧线"是指转笔的运笔要形成微弧度的流畅线条，如图2-7所示，标注出蓝色的两笔为比较宽的转笔。可以看出，图2-1勾线法中的两笔单线之间的面积即是转笔一笔形成的笔痕。

(3)"变化"是指经过转笔，笔痕发生了粗细和宽窄不同的变化。除了图中所示的单一黑色马克笔以外，若使用其他的颜色，则还会发生深浅、色调及明暗不同的变化。因此，转笔法是营造形态的立体感、表现材质的光泽感等经常使用的基础笔法。在后面的案例中会被多次提及。

图2-7 转笔法中的"转笔"

为了阐述清楚"转"的运笔过程，以绘制屏幕为例总结其运笔窍门口诀为"宽-转-细-转-窄"。参见图2-8，该屏幕的运笔顺序为从左到右。

(1)宽、窄：指用马克笔宽笔头均匀地平铺。次数多，形成的面积就宽；次数减少，则形成的面积相对窄。就屏幕绘制来讲，这两端是相对而言的、有比较的。

(2)转：通过转笔，斜向运笔，形成图2-7中蓝色示意的笔痕。无论是从宽笔到转笔，还是从转笔到窄笔，都进行了"转"的动作。需要强调的是，转笔笔痕需要一次性地一笔形成一头宽、一头略窄、微弧线的笔迹。可以是宽笔形的转笔，也可以是窄笔或细笔形的转笔。图2-8中紧邻左侧转笔、位于转笔和细笔之间的就是细笔形的转笔，它依然符合两头有宽窄变化与微弧线的特征，只是线型整体比较细窄。

(3)细：使用马克笔斜笔头的笔尖或笔棱绘制，得到的线条比较纤细。从转笔笔痕到细笔笔痕，这一过程其实就再次发送了"转"的手上动作。转笔动作非常迅速，且与上下步骤的衔接很流畅。只有对转笔法进行专门练习，才能掌握娴熟的运笔姿势。

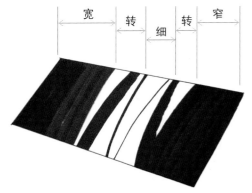

图2-8 转笔法的技法口诀

除了图2-6黑色单色马克笔绘制以外，还可以运用多色的灰阶、单色系等多种颜色。图2-9所示为一个随意绘制的圆柱体。它的整体形态、阴影和背景的绘制都使用了转笔法。整体形态为近类色系的运用，阴影为不同灰阶的运用，背景则是不同色相的运用。掌握好转笔法，就相当于掌握了用马克笔表现大部分产品的基础。

图2-9　表现产品过程中的转笔法（绘制时长5分钟）

总结运用转笔法表现产品，其产品表现内容主要有以下几种：

(1) 产品的整体形态与造型、局部构件形态等。

(2) 产品材质的光泽属性，如反光、高光、周遭倒映等。

(3) 产品阴影的深浅变化，使阴影或投影产生深浅不同的效果。

(4) 产品细节的凹凸关系，如块面的凹凸、线槽的光影。

(5) 产品背景的色调渐变，通过几笔转笔依然可以表达出色调的渐变关系。

4 第四式：色阶法

色阶法就是利用马克笔比较丰富的灰色系的色调，通过更换不同的马克笔灰系色调来绘制出从黑色逐步渐变到浅灰的过程，目的是将灰度逐步推移逐步变浅、变淡，从而表现出屏幕在一定透视关系下的渐变效果。如图2-10所示，该屏幕的绘制就使用了多支深浅不同的灰色马克笔。

笔法关键词：色阶、推移、渐变。

需要强调的是，由于马克笔的灰色分为暖灰与冷

图2-10　色阶法绘制屏幕

灰系列，使用色阶法不能将两者混用，即使用冷灰则全部的色阶色系均为冷灰，使用暖灰则所有马克笔色调都为暖灰。一旦混用，则无法形成均匀渐变的效果，反而使画面显得脏乱。图2-10使用的是冷灰，冷灰泛着略微的青色，而暖灰带有些许的咖啡色或卡其色。

在灰色推移阶段，并不是一种灰调就只绘制一两笔，因为绘制次数少是无法达到色调推移效果的。尤其是在浅灰色部分，需要不断地重复，多次使用浅灰色叠加来改变灰色深浅。因此，在屏幕的浅灰色局部也使用到了下面将阐释的重复法。

5 第五式：重复法

前述在解释图2-10的屏幕绘制过程时，已经提及重复法的基础笔法。目的就是通过对同一色调进行多次重复，利用马克笔的透明属性，达到非常均匀地改变色调深浅的作用。重复法笔法一般是单色或近色的重复，一般不会对较大色相差异的颜色进行重复。而单色既可以是灰调，如图2-11；也可以是其他多种颜色，如图2-12，使用的是浅蓝色。

笔法关键词：重复、深浅、渐变。

重复笔法通过均匀改变色调的深浅，其根本目的是表现出产品局部明暗深浅的变化。因此，重复法也是一项非常重要且高频使用的基础笔法。重复法与转笔法两者结合，就可以表现出产品的诸多形态、光影的变化等。掌握了"重复法+转笔法"的组合笔法，则可谓基本掌握了产品形态的快速表现方式。

图2-11　灰色马克笔的重复法（绘制时长8分钟）

图2-11中，对浅灰色马克笔使用了重复法，最重要的是表现出概念鼠标左侧的凹面造型，以及凸出的半球形形态。图2-12中使用了浅蓝色的重复法，表现出产品顶部的U形凹面，以及侧面的椭圆形微凸面。由此可见，重复法形成的均匀渐变营造出色调的深浅变化，不仅仅是为了屏幕光泽，更多地是为了通过深浅塑造形态的立体感。

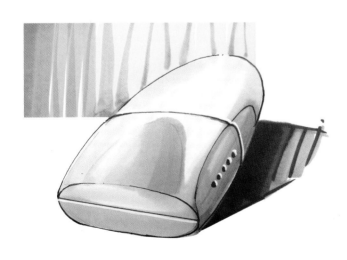

图2-12　彩色马克笔的重复法（绘制时长12分钟）

6 第六式：渐变法

除了马克笔的色阶法和重复法可以营造出匀称的色调变化以外，从最深的纯黑色到浅灰色，色粉也可以形成更加细腻和均匀的渐变。为了区别于马克笔笔法名称，将比较而言更为均匀细腻渐变的色粉笔法称为"渐变法"。使用色粉的渐变法绘制屏幕，可以赋予屏幕哑光的质感。

笔法关键词：渐变、细腻、哑光。

使用色粉以渐变法绘制屏幕，首先要描绘一定透视角度的屏幕轮廓框，然后用隐形胶带顺着轮廓的边缘线贴上四周，然后按照以下三个具体的步骤进行：

(1) 用锋利的美工刀从黑色色粉棒上刮下少许粉末，从屏幕轮廓的最深暗部处进行施粉。由于色粉的黑色颜色很深，只需要少许粉末即可。若第一遍晕染后颜色深度不够，还可以进行第二遍晕染，见图2-13。

(2) 用棉质的化妆棉适当用力下压后涂抹擦拭粉体，擦拭的时候要刻意擦出轮廓框，擦到胶带上。暗部处需较为用力，往亮部逐步减少用力，并同时吹去多余粉末。这样就形成了深浅过渡均匀的渐变晕染，见图2-14。

(3) 撕去胶带。撕的时候方向要往外，尽量避免黏性太大粘住纸张而撕破纸面。以向外的方向揭开胶带的好处是，若发生粘连撕坏纸面的情况，也不至于涉及画面，尚可在后面进行补救，见图2-15。

图2-13 刮粉施粉

图2-14 压抹擦拭

图2-15 撕去胶带

一般使用黑色色粉运用渐变法来绘制屏幕，而其他的色块、形态等也都可以使用。若绘制屏幕为专项的技法知识点的话，那么在表现产品的时候，更多其他的情况是使用渐变法来呈现细腻的色调变化。如图2-16和图2-17所示，黑色的渐变呈现哑光的屏幕光泽，彩色的渐变则呈现细腻的深浅过渡。因此，渐变法也经常被运用于绘制色块式的背景。

图2-16 使用蓝色色粉

图2-17 蓝色的渐变晕染

渐变法与转笔法相似，使用范围也是非常广的。

(1) 通过明暗变化，表现产品的整体形态、造型、局部构件部位等。

(2) 表现产品的反光、倒影等，如图2-18所示，通过垂直渐变来表现产品平面上的反光。

(3) 通过黑色、灰色的渐变表现产品的阴影。

(4) 表现产品的色块式的背景，衬托产品主体。

(5) 通过深浅变化，塑造不规则形态的立体感，如衬布的起伏褶皱、产品形态的凹凸面等。

图2-18 渐变法在产品表现上的应用（绘制时长25分钟）

7 第七式：叠影法

将第一式勾线法、第三式渐笔法与第六式渐变法三者结合，就派生出了绘制屏幕的第七式笔法：叠影法。该笔法的基本原理是，利用马克笔透明的属性，在渐变的底色上绘制浅灰色或浅色调的马克笔笔触。在色粉基底上叠加的时候，要求马克笔运笔干脆利落，不要因为下笔犹豫而形成抖动或断续。

笔法关键词：叠加、笔触、干脆。

叠影法表现屏幕的具体步骤是：

⑴ 首先运用渐变法，绘制出深浅过渡均匀的底色，见图2-19。

⑵ 然后使用浅灰色马克笔，绘制两到三笔的弧形笔触，宽窄与粗细各异，见图2-20。

⑶ 接下来在屏幕轮廓框的一侧，使用针管笔等绘制出屏幕的厚度，见图2-21。

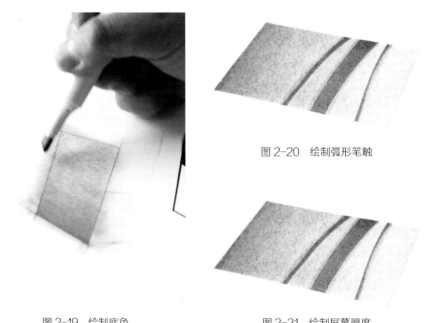

图 2-20　绘制弧形笔触

图 2-19　绘制底色　　　　　　　　图 2-21　绘制屏幕厚度

　　叠影法更多的是用于表现产品的光泽，或者利用马克笔透明属性绘制出形态的转折、弧面等形体关系。如图2-22所示，该婴儿推车产品的手绘主要是马克笔与色粉技法的结合。表现篮筐、推车底部支架形态的时候，在色粉绘制的底色上叠加了诸多不同深浅和不同色调的马克笔。篮筐部分，叠影法主要是为了表现筐体的块面感；支架部分，叠影法更多是为了形成光泽性的笔触。在后面的章节中，将讲解不同技法的综合，"色粉+马克笔"类型就广泛地使用了此笔法。图2-22是作者与学生讨论沟通过程中，在不超过20分钟的时间内迅速绘制的一个草图方案，以便面对面讨论的同时又对构思进行呈现。

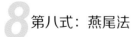 第八式：燕尾法

　　燕尾法主要运用于表现屏幕或产品中具有高光泽性局部的光影效果。该笔法名称中的"燕尾"二字，主要是指表现反光中的燕尾形的反光带特征。如图2-23中的第2个图，白色负形就呈现出类似燕子尾巴形状又类似梯形的式样，即燕尾式的反光带。该反光带对比非常强烈，把屏幕几乎分成了两大部分，一部分是留白，另外一部分则是从燕尾式样处起从黑到灰的均匀的渐变面积。

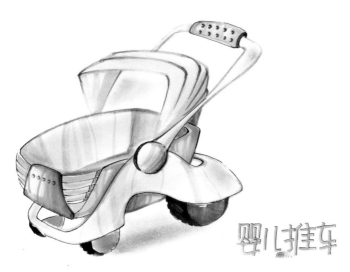

图2-22 叠影法应用于表现产品（绘制时长20分钟

笔法关键词：燕尾、对比、均匀。

如图2-23所示，绘制屏幕的燕尾法步骤是：

（1）线描出燕尾式的反光分割线，见图2-23的第1个步骤图。

（2）用纯黑色沿着燕尾分割线细致地涂黑，尤其注意突出燕尾部分，见图2-23的第2个步骤图。

（3）然后使用色阶推移的方法，从纯黑逐步过渡渐变到浅灰色，见图2-23的第3个步骤图。

（4）最后，在燕尾中间点缀一点。勾勒屏幕的轮廓框，并在受光暗部的轮廓框上进行加粗，以表现屏幕厚度，见图2-23的第4个步骤图。

图2-23 燕尾法笔法主要4个步骤

燕尾法可以用来表现局部的光影效果，尤其适合表现具有高反光带属性呈圆形（图2-24）、椭圆形、圆润倒圆的方形等（图2-25）的部件，再配合点上高光点，可以让产品的光影效果显得更为丰富，让形态更具有表现力。

图2-24 燕尾法在产品表现上的应用

图2-25 手机造型细节的反光表现
（绘制时长25分钟）

9 第九式：擦拭法

从笔法名称上就可以看出该技法要诀为"擦拭"。擦拭法绘制屏幕，其窍门在于重复利用橡皮擦擦拭后的效果来表达屏幕上反光的光影效果。当然，该笔法的擦拭过程是有讲究的：把擦拭的过程也要理解为一种笔法，利用擦拭产生负形，即擦拭本身也是一种笔痕。只有程式化的擦拭才能称为一种笔法，也才能形成一种范式而被应用到表现产品的其他诸多地方。

笔法关键词：擦痕、干脆、渐变。

既然擦拭过程依然是具有强烈的运笔讲究的，那么具体的方法如下：

(1) 第一步，使用黑色色粉，运用渐变法，绘制出屏幕基本的底色。与渐变法不同的是，渐变法要求绘制出渐变比较明显的、深浅过渡明晰的变化。而擦拭法在该步骤不用突出这种明确的深浅变化。强调：需要突出屏幕角落的纯黑色。

(2) 第二步，擦拭第一笔。使用硬质橡皮的棱角或硬朗的边缘，干脆利落地擦出略微弧形的细窄的白色痕迹。擦拭的时候，力度要大，才能足够的白；干脆下笔，才能保证仅有一道锐利笔痕。如图2-26所示，左侧为第一笔，擦痕纤细犀利。强调：只能一次性成功，不能进行第二笔擦拭，否则擦痕就没有犀利感了。

(3) 第三步，擦拭第二笔。使用硬质橡皮的腹部，即棱角旁的一部分橡皮擦。用力擦出白色痕迹后，继续擦抹，逐步形成擦拭的减淡痕迹。强调：第二笔擦拭的方向要与第一笔细窄擦痕形成弧线型的关系，如图2-27所示，勾勒法线痕之间的关系即擦痕中间的黑色，与图2-1相似，只是收口的方向可以不同而已。

图 2-26　擦试过程

(4) 第四步，在擦拭后的屏幕一角处再次略微施粉，用化妆棉适当地进行深浅渐变。即屏幕角落略深，逐步向擦痕变淡变浅，如图2-27所示。完成前述几个步骤后，屏幕形成了反光的效果。

屏幕上的反光擦拭，除了所述图2-26中的微弧线情形外，有的时候，为了突出表现屏幕的硬朗和方直的造型感受，微弧线的擦痕也可以使用直线的擦痕来代替，如图2-28所示。

第九式"擦拭法"的"擦拭"是该笔法技艺的核心，因此，擦拭效果的成败或优劣与橡皮擦的质地紧密相关。橡皮擦一般分为软质和硬质两大类型。软质多用于大面积擦

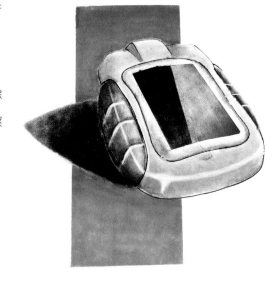

图 2-27 擦拭法的屏幕

图 2-28　直线反光擦拭（绘制时长 25 分钟）

拭，以塑造形态的明暗深浅变化为主要目的，即通过擦拭亮部，减淡形态上的色粉，以深浅变化来达到塑造某个形体的目的。而硬质适用于擦出线状、带状的擦痕，以表现反光、高光等为主要目的，主要应用为擦出白色的痕迹。因此，橡皮擦要有一定的硬度，才能施加力道。擦拭线形的白痕多用橡皮的边棱，以棱角"锐利清晰"的橡皮为佳。随着擦拭次数增多，棱角也会渐渐磨平而形成圆润的边，这时可以使用美工刀切除一小块，切除部分则又形成了清晰的边棱，可继续用于擦出清晰犀利、干净利落的白色痕迹。

10 第十式：勾勒法

在周遭环境比较复杂的时候，若遇到屏幕或产品的局部是高反光质地的情况，这时周遭环境会在反光处形成斑驳的不均匀的光影，如照相机镜头、车头大灯、镀铬的不锈钢等。在这种情况下，就需要使用勾勒法勾勒出弯曲的反光。

笔法关键词：勾画、光影、斑驳。

如图2-29所示，该草图为在20分钟内使用马克笔迅速表现出的一款投影仪。投影仪的镜头灯泡类似于凸出的屏幕。在表现该镜头的时候，使用深灰色与浅灰色马克笔分别在反光带两侧勾画了诸多蜿蜒的笔触。又如图2-30所示，吸尘器主机的外壳为抛光感强烈的工程塑料，吸尘手柄等在外壳上形成了倒映的光影。为了表现这些斑驳的反光光影，使用勾勒法勾画出深色的弯曲块面或蜿蜒线条。

图2-29　勾勒法应用于表现产品的镜头（绘制时长20分钟）　　图2-30　吸尘器外壳上的反光勾勒（绘制时长45分钟）

综上所述，绘制屏幕"窍门"的十种基础笔法绝非仅为表现屏幕块面本身，而是为了快速手绘表现产品，包括产品的形态、材质、光影、肌理、背景、倒影等。无论是实物产品的再现绘制，还是头脑里的设计构思方案的纸上呈现，都是对上述笔法的综合运用与灵活变通。除了单独使用外，笔法之间也可以再次重构组合。本章的十个笔法，均源自作者的经验总结，诸如"口诀""窍门""招式"等称谓，它们不一定都具有专业的术语化的表达，但却比较实在地归纳了工业设计手绘快速表现的诸多基础性笔法技巧，能为后续的技法应用与手绘实践打下基础。掌握好这些基础笔法，可以在较短时间内实现手绘表现技能的提升。

第三章

技法类型：
三类技法

本书的手绘快速表现技法涉及水溶性彩铅（简称"彩铅"）、色粉棒（简称"色粉"）和马克笔三大类，以下统称为"三类技法"。当然，手绘表现技法种类不限于这几种，还有诸如水粉、水彩、喷绘、丙烯等。但只有在不超过一个小时的较短时间内予以呈现才能称为"快速表现"，这是时间限定因素。此外，在短时间内还要达到一定的表现效果，也是另外一个考量因素，即不能因求快而过度忽略了效果本身。

三类技法均可以在短时间内完成对形态立体感的表达、光影的呈现和一定细节的刻画。若多个手绘图分别呈现多个角度的细节、局部等，这些手绘图组合起来就可以比较完整而全面地将产品设计阐述清楚。

如图3-1所示，表现对象均为一个布料材质制作的麋鹿玩偶。分别使用三种技法予以表现，放置在一起进行比较，再结合绘制的过程，可以看出以下几点区别：

(1) 绘制时长。从绘制时间长短来看，彩铅与色粉的绘制时间基本接近，但彩铅绘制时长与它的排线细腻程度直接关联，越细腻的排线耗时越久。而马克笔的绘制时长最短。因此，按绘制时长排序为彩铅＞色粉＞马克笔。因此，马克笔是三类技法中最为快捷的。用马克笔绘制产品，将转笔法、重复笔法等融汇结合，在少于20分钟的较短时间内即可绘制出一般产品大致形态的立体感。

(2) 细致度。彩铅在润水晕染之前，其手绘的细致度与排线的细密程度成正比关系。在润水进行晕染之后，粗犷排线情况下细致度有明显提升。色粉在整体形态表现上呈现出比较细腻均匀的渐变，但在表现局部细小处时，由于棉棒等渲染工具的限制，无法在细微处进行清晰的晕染。而马克笔若追求快捷，大面积使用转笔法难以表现得细腻。若要追求细致，则需要较多地使用重复笔法等，但这样耗时较长。

(3) 光影性。图3-1的麋鹿布偶由于是织物材料，因此三类技法不具有明显的差异

图 3-1　同一产品的三类技法比较

性。若表现镀铬金属等产品，水溶性彩铅表现出光影的难度相对而言是三类技法中最高的。除了铅笔绘制技法的要求以外，对水分的控制也是一个挑战。马克笔可以通过重复笔法搭配转笔法而非常快地呈现出光影效果。实际表现产品的时候，技法往往是综合的，没有限定于单一技法。所以，色粉与马克笔的综合是表现光影的"最佳拍档"，且绘制时长也可以得到很好的控制。

除了上述整体性的技法区别以外，三类技法还是有各自所擅长描绘的对象。这里的"擅长"是指表现出基本相同视觉效果所需的对相应技法掌握的熟练程度更简单、所需的经验更少、技能习得所需的时间更短。三类技法在表现不同的产品类别或产品的某些局部特征上，各自的"优势"或容易表现的内容可以参见表3-1。

表 3-1　三类技法擅长表现的内容或产品范畴

	彩铅	色粉	马克笔
擅长表现的内容或产品范畴	木质产品 织物产品 植物点缀 纹饰肌理	绒布产品 皮草绒毛 色带色块	塑料制品 金属制品 反光局部

综上所述，比较三类技法的异同和优劣，都是在快速表现这一前提下。这类似于医药学中谈毒性的前提是剂量，不能抛开剂量谈毒性。同样，对于设计手绘来讲，也不能抛开绘制时间谈效果优劣。本书所讨论的技法问题一般情况下均是针对快速表现。

二
水溶性彩铅
技法简介

顾名思义，水溶性彩铅意味着彩铅上色后遇水则溶，这是和油性彩铅最大的不同点。排笔或毛笔经过润水，以适当的水分去晕染绘制好的铅笔色调。颜色逐步溶于水，可以形成接近于水彩的效果，有了比较均匀的渐变色调和深浅变化，从而营造出产品形态的立体感。

　　本书所有的彩铅作品，均使用的是"辉柏嘉"品牌彩铅。该品牌的水溶性彩铅一般配送了一只小毛笔用于润水晕染。但作者不建议使用，因为毛笔过于柔软，难以将力度传递到笔尖。建议使用扁平笔头的排笔。排笔选择的标准是：①没有岔毛；②笔头形状扁平齐平；③润水性好，不会比较短的一笔水分就流失丧尽，而需要多笔后也依然具有饱满水分的感觉；④Q弹有力，施加一定的腕力，从纸面传递出力度的反馈感。使用这样的排笔去晕染，可以获得更加均匀渐变的色泽。

　　彩铅不仅仅是通过晕染获得深浅变化来表现产品块面的明暗关系，还可以表现其他诸多内容。如图3-2所示，木头材料上蜿蜒而疏密有致的木纹肌理，可以通过彩铅予以描绘。该产品的背景使用了品红向群青渐变的色调，根据排线的疏密、细腻程度，经过润水晕染后即可以获得完全融化的色彩，也可以获得图中所呈现的色彩中兼有少许斜纹肌理感的块面式背景。此外，彩铅晕染后表现的阴影关系，既可以形成带有斑驳的深浅变化，也可以形成均匀渐变的暗部阴影。通过控制水分，从干涩到润泽，铅笔营造的这些变化应用到产品绘制过程便形成了虚实远近的对比感。

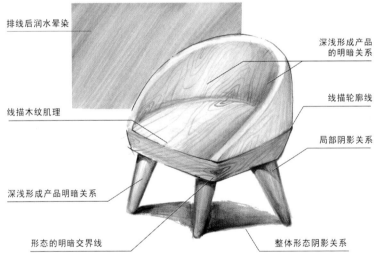

排线后润水晕染

深浅形成产品的明暗关系

线描木纹肌理

线描轮廓线

局部阴影关系

深浅形成产品明暗关系

形态的明暗交界线

整体形态阴影关系

图3-2　彩铅绘制的木质椅子（绘制时长30分钟）

图3-3　某电子设备造型（绘制时长25分钟）

　　如图3-3所示，黑色彩铅晕染后形成了均匀的深浅变化，从黑色逐步变化为浅灰。前一章中所介绍的渐变笔法使用的是色粉，水溶性彩铅也是运用渐变笔法的另一个好用的工具。

　　又如图3-4所示，该图还表现了木托边缘的略微破损，以及木块上的木结。充分发挥了彩铅易于描绘纹理和线条，并可溶于水进行深浅变化的特性。

　　总结水溶性彩铅技法绘制体块的基本绘制步骤，可以使用以下几个关键词予以描绘和概括：

图 3-4　水壶与木托（绘制时长 30 分钟）

(1) 排线。这一步会比较多地运用到素描的一些基础技巧，通过疏密有度的排线和对线条进行恰当的组织，从而形成了符合产品形态明暗关系的深浅变化。排线细密，晕染后则深浓；排线稀松，晕染后则寡淡。这一步非常重要，需要绘者秉持耐心，带着对形态明暗关系的理解去细致绘制。

(2) 晕染。排笔润水，用卫生纸吸走多余的水分，一笔一笔地晕染。一边晕染一边用卫生纸吸附，这样可以除去稀出的颜色，从而让颜色逐步减淡。需要注意的是，起笔与止笔应尽量在线的轮廓上，中途不要断笔，否则会形成明显的水渍。

(3) 调整。若晕染后出现颜色深度不够的情况，待画面干透后，可以再次进行排线与晕染。但是，一般说来润水后彩铅最多再上一遍色，因为画面变得光滑后便不容易上色。

(4) 轮廓。基本上色与晕染完毕后，产品的轮廓除了使用针管笔、勾线笔等进行描绘外，也可以使用彩铅进行绘制。彩铅描绘轮廓是将手里的力度形成一种变量，对线条也形成深浅变化。"变线"不仅仅是指同一根线条产生粗细的变化，也还指产生深浅不一的变化，从而避免画面呆板。

后续附图的咖啡机产品，彩铅依然可以表现出比较强烈的倒影光泽、金属光泽等，呈现出了彩铅表现细腻渐变过渡优势以外的另一面。

三
色粉技法简介

色粉技法就是利用粉状的色彩原料进行上色的一种技法。本书绘图所用色粉的粉体都源自色粉棒。使用锋利的美工刀，从色粉精的边棱处轻轻刮下些许粉末，称为"施粉"，即将粉末播撒在需要上色的地方。有的绘者习惯将粉体刮于一旁，用棉花或棉棒粘上粉末后再在纸上绘制。作者则更习惯于直接在纸面上撒粉。这因人而异，没有固定模式。刮粉的时候，色粉棒距离

纸面近，刮出的粉末就比较集中，后续晕染时则色彩浓烈；色粉棒距离纸面远，刮出的粉末洒得比较开、比较发散，晕染后则色彩相对浅一些。

本书使用的均为软质的"雄狮"牌色粉棒。想要买到好的色粉，挑选标准有：①颜色鲜明纯正，晕染后不会发"污"，即不会出现明度降低的情况；②小刀刮下的粉体比较细腻，不会出现较大的颗粒状；③粉体在晕染的过程中比较容易上色，且质地比较细腻；④色粉棒软硬适中，用美工刀刮粉时比较容易。

施粉时，从暗部着手，少许粉末即可，一不要贪多，二不要撒在亮部，因为晕染的时候会逐步渐变到亮部。施粉完毕后就是比较重要的晕染步骤。使用棉质化妆棉（不要使用无纺布化妆棉）进行晕染。晕染的方法是：将化妆棉折叠，形成一个宽窄适中的块，从边缘开始往下压，一边压一边进行擦拭涂抹。擦拭的起与止尽量在线的轮廓上，即不要在画面中途中断，否则会形成粉体痕迹。

擦拭晕染的过程中应当注意：

⑴ 擦拭涂抹时不要来回地皴，否则易将画面弄脏弄乱。

⑵ 擦拭的方向应当在下笔前思考，不要随意改变方向。或垂直擦抹、或横向擦抹，对于圆润形态，则应先沿着形态边缘开始有顺序地擦抹，逐步改变擦抹方向。

⑶ 不同色相的色粉之间不要随意叠加，包括黑色色粉叠加也要谨慎，少许即可，否则非常容易让色调显得脏污。

如图3-5所示，色粉除了通过颜色的深浅变化来表现产品形态的形体感以外，还可以表现以下一些内容：

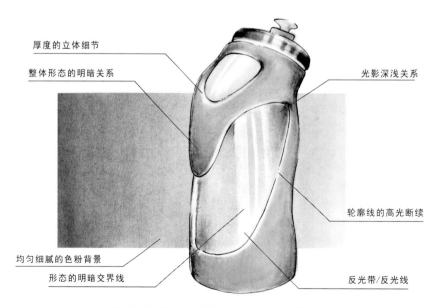

厚度的立体细节

整体形态的明暗关系

光影深浅关系

轮廓线的高光断续

均匀细腻的色粉背景

形态的明暗交界线

反光带/反光线

图3-5　色粉绘制的运动水壶（绘制时长30分钟）

⑴ 色块式的背景。色粉绘制背景，可以形成非常柔和的渐变均匀的色带。参见图3-6，这是几组比较经典的色粉背景配色方案。既有暖色系的，也有冷色系的，还有跨界的色调渐变。根据产品主体的整体色调，选择恰

当的背景配色，从而对主体起到烘托与衬托的作用。

（2）产品的光泽感。通过色粉的擦除技法，形成带状或线状的反光和高光。擦除在色粉技法里可以理解为一种负形的笔法，即擦除本身就是一种绘制笔法。图3-7中，通过擦除对粉体着色的减淡，以及形成白色的擦痕，呈现出玻璃的透明质地。

图 3-6　色粉背景的渐变配色　　　　图 3-7　色粉表现玻璃光泽
　　　　　　　　　　　　　　　　　　　　　　（绘制时长 30 分钟）

（3）产品材质的肌理。通过擦拭，在色粉基底上形成纹路或纹饰，或者形成相应材质的肌理感受。这在一些革制品、织物等产品表现上经常会用到。如图3-8，色粉表现的是材质上的方格形纹路，图3-9中色粉表现的是靴子产品的皮革肌理。

图 3-8　色粉表现装饰纹路（绘制时长 30 分钟）

图 3-9　色粉表现皮革肌理（绘制时长 30 分钟）

(4) 产品的皮草类绒毛、羽毛、穗子等。表现毛状的产品局部，色粉具有非常明显的优势，可以快捷而逼真地绘制出毛茸茸的形态，见图3-10和图3-11。

图 3-10　色粉绘制毛球与羽毛　　　　　图 3-11　色粉绘制手提包上的穗子
（绘制时长 30 分钟）　　　　　　　　　（绘制时长 30 分钟）

(5) 产品的软质形态，如褶皱等。如图3-11所示，这款手提包上的褶皱通过色粉表现得柔软起伏。

后续附图的布偶类产品，可以非常好地彰显出色粉在表现柔软质地（如茸毛、绒布等材质）的产品时所具有的非常突出的优势。

四　马克笔技法简介

本书绘图所用到的马克笔的品牌为"法卡勒"（FINECOLOUR）。在经济实惠的前提下，作者选择马克笔除了比较重视色彩以外，还要测试一下使用重复笔法绘制时是否会在纸张上产生明显的浸开的痕迹。而纸张的选择，从成本的角度考虑，使用了A3大小的光面绘图纸，以150g以上为佳。需强调的是，一定要选择光面的纸张，不要选择哑光或粗糙毛面的纸张。

马克笔技法的主要属性特征有：

(1) 质地透明，可以在其他技法或自身基础上绘制。

(2) 色彩可叠加，互不形成明显干扰。

(3) 色阶丰富，可以形成比较多变的色调。

(4) 0号马克笔可以对某些技法颜色进行融合表现。

(5) 绘制快捷，特别适于短时间内表现出形体。

(6) 笔触利用充分，可以形成比较活泼而灵动的用笔，具有潇洒地笔法气质，可避免画面呆板。

也正是由于上述特征，初学者在刚刚练习马克笔的时候会觉得比彩铅等艰难，主要因为前述(1)和(2)的特点，马克笔几乎每一笔都可以看见笔痕，若不讲究笔法贸然绘制，就会形成混乱的笔痕，导致整个画面显得凌乱而毫无章法。

如图3-12，该产品全部使用马克笔技法（除了高光点与高光线使用的是钛白色丙烯以外），在这张手绘图里，马克笔表现了以下内容：

(1) 产品造型形态本身的体积明暗关系，如明暗交界线等。

(2) 产品构件在其他部分形成的阴影关系，且阴影也具有深浅变化。

(3) 产品不同壳体的分型线，分型线具有非常明晰的缝隙感。

(4) 产品上的线槽等造型层次细节，通过"一阴一阳"线条的搭配形成凹凸感强烈的细节。

(5) 产品壳体上的条状孔洞，这些缝或孔具有立体感。

(6) 产品屏幕的光影渐变及其高光等。

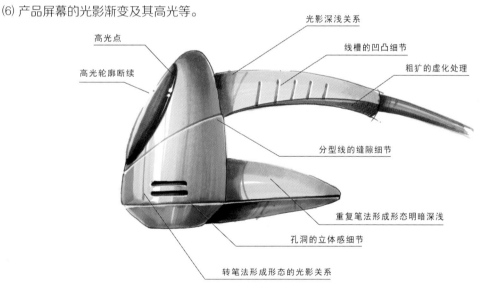

图 3-12　马克笔绘制的工具产品（绘制时长 25 分钟）

图 3-13　单一马克笔表现"西瓜闹钟"
（绘制时长 20 分钟）

由此可见，就算单一的马克笔技法，在快速手绘时长里依然具有比较好的表现力。若再与其他表现技法相结合，则可以达到非常具有层次感的表现效果。

如图3-13所示，该产品限定在20分钟内绘制完成，除了没有表现线槽、分型线等细节，已经实现了在比较短的时间内完成了一幅"小品草案图"。作者称为"小品草案图"的手绘包括产品主体、背景、阴影、点缀的标题文字等，"草案"是指用时短且方案呈现粗略，往往用于交流沟通方案、表达设计构思等。

马克笔技法对于工业设计专业来讲，可谓是三大技法中的重中之重。由于它可以快捷地呈现粗略设计方案效果、利于沟通，并且具有高度的普适性，因此马克笔技法可以表现的产品类别非常广泛，基本不受限制。

五 三类技法的 一些手绘附图

本小节主要附上前述三大类技法的手绘图（图3-14～图3-21），以帮助初学者进一步认识这些技法的特征，了解运用这些技法来表现产品后的视觉效果，以便在后续章节中进行跟随式的技法学习，通过步骤化的练习可以更加入微地掌握各种技法的技巧性细节。当初步掌握之后再返回本章节进行模仿训练，最后将手绘技法应用到实践中，从表现实际物体开始，再到对头脑里的构思进行呈现，最后对实务项目设计方案进行手绘表达。

诸如汽车、摩托车等交通工具需要专项的针对性训练，因为其中蕴含某些具体的技巧。本书的案例图较少涉及交通工具，而主要以消费电子产品、小家电产品、家居产品、工具设备类和鞋包类轻工产品为主要表现对象。

图 3-14 彩铅表现重点：木头材质、木结
（绘制时长 25 分钟）

图 3-15 彩铅表现重点：金属材质、反光倒影
（绘制时长 45 分钟）

图 3-16　色粉表现重点：圆润形态（绘制时长 30 分钟）

图 3-17　色粉表现重点：毛绒材质（绘制时长 40 分钟）

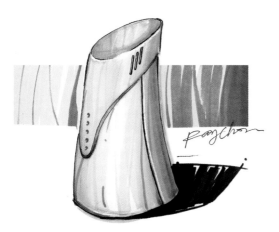

图 3-18　马克笔表现重点：高光点/线（绘制时长 25 分钟）

图 3-19　马克笔表现重点：曲面凹凸、分型线
　　　　（绘制时长 35 分钟）

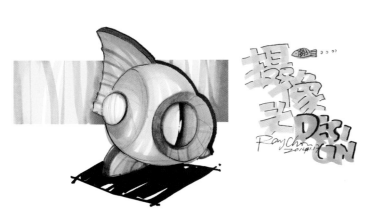

图 3-20　马克笔表现重点：燕尾处光泽、侧面凹面
　　　　（绘制时长 30 分钟）

图 3-21　马克笔表现重点：金属光泽边缘
　　　　（绘制时长 25 分钟）

第四章

效果窍门：
补救措施

只要是纸质手绘，都难免会出现失误、偏差等问题。就算绘者技法娴熟，也会遇到一些状况，有的是自身失误，而有的可能是由于工具或材料突发状况造成绘制问题。纸质手绘不同于数位板电脑手绘，无法用软件处理这些失误。那么当失误发生后，就需要思考怎样去补救、挽回局部的效果，尽量让之前的绘制效果得到延续，而不至于因失误而彻底毁弃。

作者至今仍对曾经求学时学习手绘的一个经历印象深刻。如图4-1所示，这是一幅手工喷绘的玻璃茶几作品。手工喷绘是通过喷笔连接气压泵，将颜料形成液体雾化后来绘制效果图的一种技法。该技法非常耗时，一幅作品往往会持续绘制3~4日。就

图4-1 补救的画面

在快要完工时，由于气压泵出现状况，导致喷笔里突然喷出一大滴颜料在画面上，即图中亮色圈的位置。当时何等的郁闷，感觉几天的精心绘制付诸东流。后来老师给出的建议是将这滴颜料利用起来，索性在颜料位置精心绘制了一只蝴蝶，并且把蝴蝶翅膀上的花纹、纹理等都一一描绘出来。然后再使用喷笔喷绘出蝴蝶围绕玻璃茶几环绕飞行的雾状轨迹，再在轨迹上绘上星星点点的光辉。结果这只因颜料喷溅事故"诞生"的蝴蝶反而成为"点睛之笔"，让原本中规中矩的玻璃茶几表现图中出现了这个灵动的"小精灵"。在当时那个数码相机远未普及的年代，作者用胶卷相机拍下了这幅作品，虽然模糊斑驳，颜色也已

消退，但这个挽救手绘事故的经历却至今仍未忘记。这也使得我在自己的手绘过程中常常思考，该如何去应对手绘失误，又或者，让画面在此基础上更加锦上添花、更加出彩。

作者长期从事工业设计效果图的手绘教学工作，也经常会遇到学生求助。当他们的手绘练习效果糟糕，或者进展到某个步骤难以推进的时候，往往会向老师寻求帮助，这时老师就好比是"救火员"，去帮助学生解决手绘问题，挽救"起火"的手绘效果。在给予帮助的时候，一方面要向学生再次演示并讲解具体的技法过程，另一方面这也是重塑其手绘信心的过程。图4-1的手绘失误补救经历也敦促着我尽量去"挽救"每一个同学的失误。逐渐地，也总结形成了自己的一些心得，并归纳出一些手绘效果小窍门。这些效果窍门，有的可以补救画面处理不当的失误，有的加以运用还可以起到给画面锦上添花的作用。效果窍门的恰当运用，可以解决或补救初学工业设计手绘者的常见失误，如画面布局失当、笔痕凌乱等。

二 问题意识先行

工业设计专业的学习讲究"以问题为本"（problem based learning，PBL），手绘的学习与训练也是如此，以解决问题为导向。手绘的根本目的是表达，以手绘的形式去解决表达的问题。那么，面对在手绘过程中出现的诸多类型的失误，首先思考的不应当是该不该放弃，而应该是有没有办法补救失误。因此，手绘也要先有解决问题的意识，组织恰当的、有针对性的技法方案去解决状况。当思考并尝试了补救却依然失败时，才放弃当前的手绘作品。这并非是惧怕重新绘制的工作量，而是思考手绘的补救措施并付诸行动，这个过程本身就是手绘训练的一个环节，同时也属于手绘技巧的一类，只是在诸多的手绘技法书籍中并未特别阐明而已。

那么，除了应首先树立解决问题的意识以外，一些必备的基础技巧也应该构建。最典型的是手绘字体的训练。POP字体、手工绘制电脑字体等，可以在补救画面效果上起到非常大的帮助。许多手绘学习者能够绘得一手"有范儿"的产品效果图，却忽略了对手绘字体或手工字体的训练。而事实上，诸如POP字体的学习耗时较短，可以起到"事半功倍"的效果，即花费较少精力与时间习得该技能后，不仅可以补救手绘效果，而且可以运用在其他许多方面，如扼要的设计说明、设计作品名称、点缀画面等。

手绘"小品"类图里经常会出现标题性的字体。此外，版面类的手绘图则还有设计说明、设计细节阐释等环节。因此，要呈现出整体效果好的手绘，手绘字还是有必要练习的。建议从使用黑色或深灰色马克笔绘制POP字体开始：①绘制POP字体的时候，为了获得一致宽度的笔痕，需要不断转动马克笔笔杆，所以在练习手绘字体的同时，也对转笔法的练习颇有帮助；②POP字体易上手，短时间内成效明显；③手绘字体可以广泛应用于效果图，无论是标题还是设计说明等。

如图4-2所示，可以使用一般的绘图纸直接折纸，利用折痕形成的方块格子来练字。或者购买网点本，用铅笔迅速连线后形成格子用于手绘字练习。刚开始从临摹入手，一般说来，练习了200~300字的数量后就可以尝试脱稿，直接练习写自己所想要写的内容了。

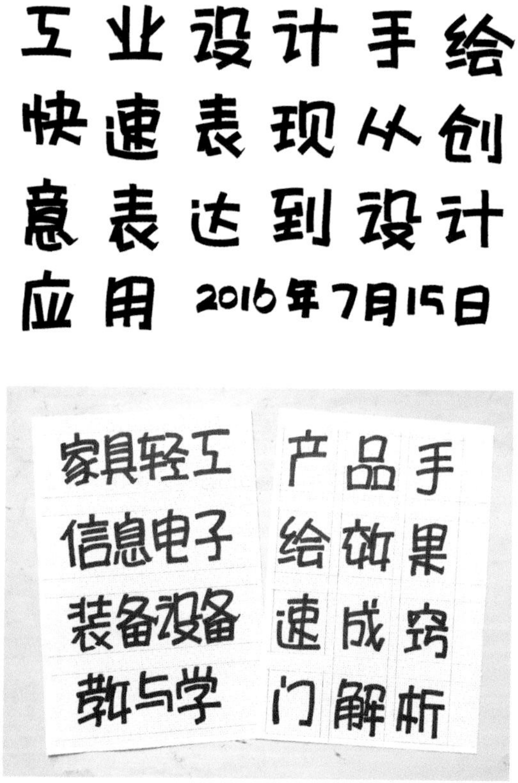

图 4-2 手绘 POP 字体

初学者常见的疑问是，我本身的字就写得不好，练习手绘POP字体有效果吗？答案是肯定的。首先明确一点：是绘字、不是写字，要扭转"写字"的观念，通过字体的骨架，施以程式化的技法，就可以在比较短的时间内习得效果不错的手绘POP字体了。当然，若要更加精通和娴熟，还要追求不同的字体风格的话，刻苦练习自然是必需的。这里所说的短时间，是针对与设计手绘效果形成相辅作用的一般效果的手绘字体。

手绘POP字体的一些常用的基本笔法口诀有：

(1) 左大右小、上大下小，如图4-2中的"设"、"速、"子"。

(2) 横折呈弯曲，如"现"、"用"、"门"等。

(3) "女"字变体，如"教"字的反文旁，需要将"撇折点（㇇）"变为"横向的丿+竖笔"。

(4) 笔意断笔，如数字"5"、"3"等的最后圆弧不必写全，写到一半就结束，利用笔意来完成。

(5) "点（丶）"笔画变方向，根据实际需要改变笔画的方向。

(6) 笔画重复变方向，如"表"字，三笔均为横（一），那么第二笔的横可以略微往下压。

此外，英文字母数量相对中文汉字来讲，易形成程式化的写法，因此可以适当加以联系。在设计手绘图写完手绘字体后，往往还要对其绘制些许轮廓与边缘，使之形成立体效果，让画面更加活泼。

四 轮廓的问题

无论是马克笔还是色粉，在绘制的时候边缘经常会出现毛糙的笔头痕迹，见图4-3中沙发靠背的边缘。尤其是马克笔，若在绘制的时候特别在意产品形态的边缘轮廓又会影响笔触的流畅度，反而感觉畏手畏尾而影响运笔效果。

首先必须要强调的是，切记不可使用白色涂改液或白色颜料覆盖失误点。正确的补救措施是绘制轮廓线。而轮廓线可粗可细，根据笔头毛刺多少而定。

(1) 粗的轮廓线一般只绘制产品的暗部轮廓，而不能全部绘制，否则就会像铁丝箍成圈，非常死板，反而更加破坏效果。而绘制暗部轮廓的时候，应在与亮部衔接的地方使用变线，逐步变细到消失，如图4-4所示。

(2) 细的轮廓线可绘制产品的亮部与暗部。但是需要注意：①同样不能将产品所有的轮廓线都勾勒一遍，要讲究虚实关系；②亮部的轮廓线可以中断，中间绘制一点，这是轮廓线高光的线描绘制方式，可参见图3-11；③轮廓线应注意与产品造型壳体的厚度结合起来绘制，如图4-5所示。

（3）轮廓线均应当使用变线。变线是指同一条线条自身具有粗细、宽窄、深浅等变化。

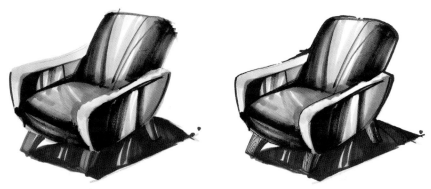

图4-3　没有轮廓线的效果　　　　图4-4　强化了轮廓线的效果（绘制时长15分钟）

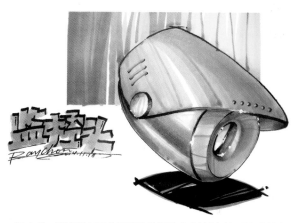

图4-5　轮廓线与壳体厚度的绘制结合（绘制时长30分钟）

五
破损的问题

本书在绘制色块式背景的时候，经常会用到隐形胶带来贴覆背景色块的四边。已多次强调，色粉、马克笔等都需要且一定要刻意绘制超过色块边缘，即绘制到胶带上。这样，撕去胶带后可以形成非常干净利落的边缘。隐形胶带推荐"3M"、"马培德"等品牌，胶带的黏性适中。当没有隐形胶带的时候，就需要使用透明胶带，但要充分地去掉大部分的胶带黏性后再往纸上贴，以免黏性太大造成画面破损。

揭胶带的时候，要小心地缓慢向外撕开，注意不要向图案方向撕。但是偶尔还是会出现黏性强而撕破纸张表面的情况，在图案上形成"破损疤痕"。遇到这种"事故"，正确的应对补救措施是：

(1) 用锋利的美工刀立即切断胶带。

(2) 切断粘连揭起来的纸张表皮。

(3) 剥离剩余的胶带头，然后再小心、缓慢地继续撕揭。

(4) 对纸面破损的地方，使用覆盖的方式进行掩盖，如图4-6和图4-7所示案例。

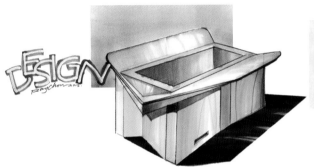
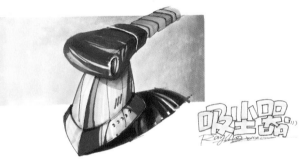

图4-6 "N"字处破损的补救处理（绘制时长25分钟）　　图4-7 产品下部右侧破损的补救处理（绘制时长25分钟）

如图4-6所示，DESIGN的"N"字处就是撕破纸面的地方，补救方法是用银色油漆笔绘制了手写体"DESIGN"，先写"N"将破损处覆盖。而图4-7中的破损纸面位于吸尘器产品下端的右侧，即色粉背景右下角边缘处，补救的办法是绘制深色的整体阴影将破损处覆盖，同时让阴影与背景产生交错。

由此可见，一旦发生纸面破损的情况，首先是控制破损进一步扩大，然后再想办法巧妙地覆盖破损处的瑕疵。

六 布局的问题

画面布局问题无论初学者还是技法娴熟的绘者都会遇到，技法娴熟者也会由于粗心大意等导致产品主体在画面分布的位置不恰当。并且布局问题往往多变，即上下左右的偏置都有可能发生。而且很多时候是主体都快绘制完成了才恍然发现版面图幅布局出现了失误。当出现布局失误时需要具体问题具体分析，要有"巧雕"的工匠精神，思考什么样的补救措施可以"化腐朽为神奇"。

解决布局失误的补救措施，归纳起来大概有以下几种：

1 色块背景纠偏

如图4-8所示，该电子产品偏向画面的左上角，于是使用竖向带状色块背景，并结合横向投影，使整个画面的重心往下压。而图4-9的产品则又太靠下，用偏上位置的色块背景将整个画面的重心往上提。由此可见，用色块背景来纠正偏离的画面重心可以达到较好的效果。

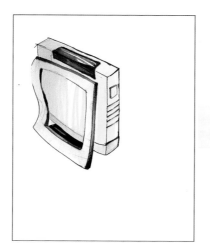

图4-8 补救前后的效果1

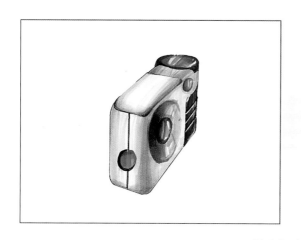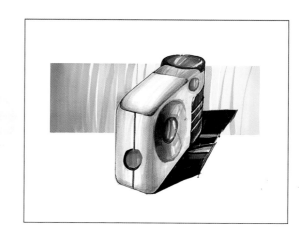

图4-9 补救前后的效果2

2 字体纠偏与点缀

使用小标题、作品名称等手绘字体，有的是为了点缀画面使之锦上添花，而在出现布局失调的情况下，也可以利用手绘字体来调整画面的平衡感。如图4-10所示，高跟鞋的右上角比较空，于是可以绘制"SHOE"来调整画面的视觉平衡。图4-11音箱产品的位置整体偏向了画面左侧，于是可在右侧手绘"音乐基座"字样，将视觉中心往右侧拉动。

图 4-10　高跟鞋（绘制时长 25 分钟）

图 4-11　桌面音箱（绘制时长 25 分钟）

3 阴影位置调整布局

工业设计手绘中表现产品的阴影有两种常见方式：①按照产品受光的透视来绘制阴影，如图4-11中音箱的阴影就是这种形式；②将产品漂浮起来，让阴影位于正下方，此时的阴影位置不受限于产品的受光情况，这种阴影表现方式称为"漂浮投影"。为了区别这两种阴影表现方式，同时又方便沟通，前者可以简称为"正投影"。如图4-12所示，这是"漂浮投影"的体块示意图，该图中，阴影也起到了将画面布局往图幅下面延伸的作用。又如图4-13，若取消了运动鞋下面的投影，则整个画面就会感觉太高，阴影位置正好起到了一定的布局调整作用。

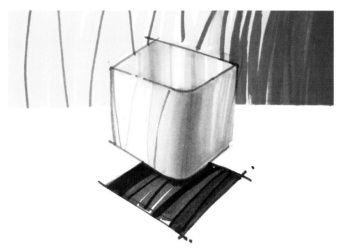

图 4-12　"漂浮投影"的阴影方式

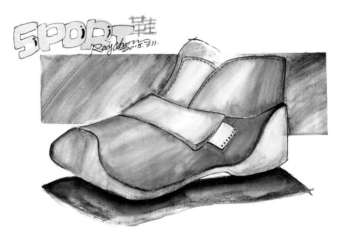

图 4-13　彩铅运动鞋（绘制时长 30 分钟）

　　需要强调的是，绘制阴影，切忌死板，即不能把阴影简单地表现为一块浓烈的深色。产品的阴影绘制，需要做到"呼吸"二字的比喻：

　　(1) 马克笔阴影要有些许的留白空隙，不要涂死，使其具有一种空间的"透气感"。

　　(2) 阴影有浓淡深浅的变化，无论是马克笔还是彩铅、色粉，均要注意对阴影强弱深浅的变化的表现，要具有一种色泽的"透气感"。

4 次要表现形成虚实关系

　　当产品主体位置偏离视觉中心太多，无法通过背景、阴影、文字等方式来纠偏补救的时候，这种情况下一般而言画面会有足够空间来绘制第二个产品或部件。绘制第二个的时候，应使用次要的角度或次要的表现程度，与主体形成一定的虚实对比关系。

　　如图4-14，该高跟鞋是由一个学生起笔绘制，作者在课堂上刚好发现，于是索性接手过来绘制，用其讲解使用虚实关系来调整画面布局的方法，左侧粗犷次要性绘制的正面角度的高跟鞋就是为了调整布局。

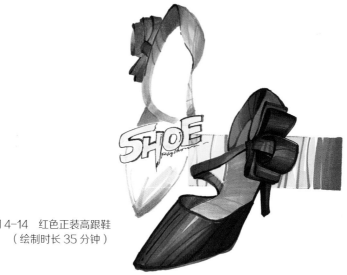

图 4-14　红色正装高跟鞋
（绘制时长 35 分钟）

　　又如图4-15，该图为学生的手绘，作者在指导时发现了比较严重的构图失衡问题，于是让他在左下角绘制了一个次要表现的另一角度的概念车，从而实现了布局的平衡。

图 4-15　精绘概念车（绘制人 / 李攀，学生）

5 线框形成视觉联系

　　图4-15除了运用虚实关系对画面布局进行重构以外，还利用了浅灰色线框。线框将画面中的图案形成了视觉上的串联。

在使用线框进行布局的补救时应注意下面两点：

（1）浅。图幅的线框一般使用浅色调，避免形成喧宾夺主的负面效果。某些时候，淡灰色、浅卡其色的线框还具有一定的装饰效果。

（2）"破"字诀。这点很重要。"破"是打破的意思，即线框的线与产品主体形成一种相互穿插的关系。且不可只是生硬地绘制贯穿的死线，而应为如图4-15中的线框与产品之间的叠压、破篱效果。这种方式特别适用于画面图案相对比较散的情况。

如图4-16所示，该图的主体均为马克笔技法，在后面的章节中会对技法步骤予以阐释。而三处的产品绘制使得画面缺少视觉凝聚，因此使用了线框予以串联，同时也运用了字体来平衡整个布局。

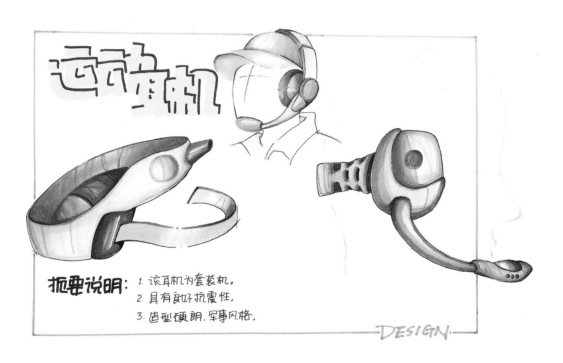

图4-16　运动耳机套装（绘制时长45分钟）

6 利用主题周遭点缀

在画面比较空的地方，绘制少许与产品主题相关的周遭环境，如树叶、花枝等，一方面可对画面布局的失衡起到补救作用，另一方面也起到了点缀装饰的作用。

如图4-17，这是作者在精绘手绘课堂上通过该方式纠正学生手绘的例子。画面的左上角非常的空，于是作者帮助学生对画面效果进行补救：使用水溶性彩铅绘制了一棵枫树的局部，并在右下角再绘制了两片落叶进行对角线的呼应。再通过文字、淡色线框等多种方式来提升画面效果。

图 4-17　精绘汽车（绘制人 / 黄晶，学生）

　　如图4-18所示为线描的登山鞋，在其右侧绘制小石头、沙砾等进行点缀装饰。一则填充了右侧比较空的区域，二则与登山鞋的产品功能相呼应，烘托了设计主题。

　　如图4-19所示，画面同样出现左侧较空的情况，一方面使用彩铅绘制了背景，此外在最左下角绘制了一片落花来进行"应景"的点缀，呼应定位于旅行的产品功能主题。

图 4-18　登山鞋线描

图 4-19　旅行腰包（绘制时长 20 分钟）

七　好用的小窍门工具

除了三大类技法的主材及其常见的辅助工具以外，前述提及的一些绘制工具，包括后面章节也将会提及使用的小窍门工具，它们会让手绘更加易于表达，甚至可以达到事半功倍的效果。这里把一些在补救中常用的工具予以简要呈现，见图4-20和表4-1。

需要说明的是，所有的工具仅仅是辅助绘者的，尤其是这些非主材类的工具。不能本末倒置，不能出现因为不具备这些小窍门工具就绘制不好的情况。所谓的"小窍门"也仅是一种快捷途径，可以更快更好地绘制某些局部。但依然可以用其他的方式或途径来达成，并不意味着仅此一法。譬如，没有多棱橡皮擦，可以使用美工刀反复地对已经磨损的橡皮进行切割，也一样可以获得清楚锐利的边缘，用于擦试法时同样能擦出锃亮的高光线条。

不积跬步无以至千里，手绘必须依靠勤奋的练习才能娴熟掌握。就算通过一些"窍门"技巧达到速成的目的，但若根基不牢靠，速成也只是对某些特定程式化的绘制技巧的掌握而已，并不能真正地表达

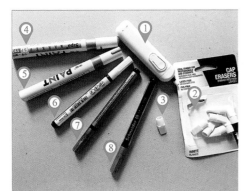
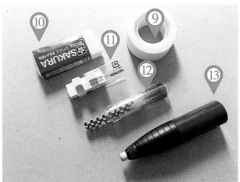
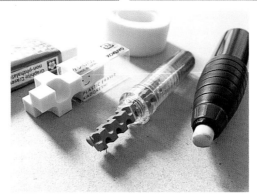

图 4-20　小窍门工具实物图

表 4-1　小窍门工具简介

序号	名称、产地	特点、用途或品牌
1	电动橡皮棒，中国产	适合用力擦拭
2	扁口橡皮头，美国产	适合色粉擦拭法
3		
4	油漆笔（银色），中国产	笔头较粗，适合较大的字体
5	油漆笔（金色），中国产	笔头较粗，金色光泽
6	高光笔，德国产	绘制高光，代替白色丙烯
7	油漆笔（金色），日本产	笔头较细，有点接近古铜色
8	油漆笔（银色），日本产	笔头较细，金色光泽
9	隐形胶带，中国产	品牌：3M
10	硬质橡皮，日本产	适合色粉技法的细节擦拭
11	多棱角橡皮，日本产	品牌：国誉，适合细小处的擦拭
12	多棱角橡皮，中国产	适合细小处的擦拭
13	橡皮棒笔，中国产	品牌：马培德

　　"与设计实践相结合、运用于设计实践"的手绘核心内涵。所以并不提倡采用高度应试化的方式去学习设计手绘，更不能抛弃手绘表现的核心内涵而应试学习。

第五章

单一技法:
步骤解析

单一技法 · 水溶性彩铅

1

消费电子产品类 · 手持吸尘器

本书分别从消费电子产品(包括家电产品)、家居轻工产品、工业设备产品三大类型入手,首先逐一对水溶性彩铅、色粉棒和马克笔进行单一技法的练习,然后再进行不同技法的综合使用。这种技法训练方式可以加深对单一技法的理解。以营造产品造型的形态立体感为例,彩铅的基础笔法是排线,色粉的基础笔法是粉底渲染,马克笔的笔法基础则是透明叠加。

不同技法在对不同品类产品进行表现时有着不同的技巧。产品给用户的整体形态印象不尽相同,信息电子产品形态多曲直结合,造型层次比较丰富;家居轻工产品的曲面和曲线轮廓较多,诸如织物玩具的品类造型柔和多变,工业设备产品则多为硬朗的线条。通过单一技法与不同品类的结合,可以更加深刻地理解不同技法处理不同风格产品形态的差异性,从而提升技法表现力。

本例表现对象为手持式吸尘器。产品绘制时长控制在50分钟以内为宜。

在进行轮廓打形的时候,注意贯穿产品头尾的背部弧形线条,尽量避免出现明显的断笔接头。遇到长线条的弧形,在笔法基础较差的情况下,可以采取"彗星式"的断笔方式——虚化"尾巴"。再轻轻下笔进行接线,使之连贯。

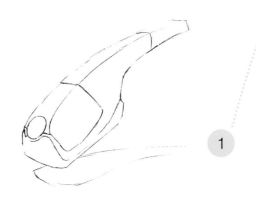

1

2

使用水溶性彩铅进行细腻排线，塑造形态的立体感。该步骤忌急躁，排线的细腻程度、明暗深浅、形成光影的准确度都会直接影响晕染后的效果。

就该产品而言，手柄的顶部与侧面的明暗交界线应适当弱化，不要受到轮廓线的干扰。应注意明暗交替的存在，同时注意弱化顶部左侧的光影，因为其直接影响到手柄圆润扁平的形态塑造。若顶部左侧光影较多则容易表现为圆形而非扁平的截面，使手柄形态出现偏差。

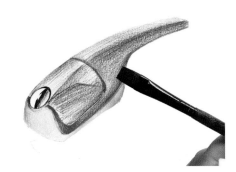

3

整体上色铺陈完毕之后，开始进行溶水晕染。由于水溶性彩铅的特性，彩铅的色调易溶于水，因此需要注意形态亮部的留白处理。

建议：使用具有一定宽度的排笔。笔头的宽度一方面形成色调的深浅，另一方面也形成自然的过度。

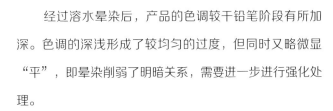

4

经过溶水晕染后，产品的色调较干铅笔阶段有所加深。色调的深浅形成了较均匀的过度，但同时又略微显"平"，即晕染削弱了明暗关系，需要进一步进行强化处理。

强调：①该步骤中起笔与落笔尽量在形态的线与线之间，不要在形态中间落笔，否则会形成水渍；②笔法要诀为"排"，即一笔一笔地紧挨晕染，忌"涂"，不能来回拖笔或皴笔，"涂"的笔法不能形成均匀的晕染。

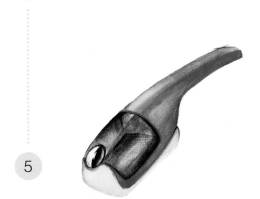

5

该步骤需要解决上一步因为晕染过于均匀而显得"平"的问题。方法是，用排笔蘸少量清水，在需要提亮的地方对色彩进行汲取。例如在该产品的黑色透明盖部分采取这种汲取色调方法，对反光的地方进行晕染过渡式提亮。

当前这一步骤的主要工作：①对产品细节的刻画，如产品外壳上的缝隙、凹凸线和不同壳体之间的"台阶"（突出壳体的厚度）；②加强半透明的黑色塑料盖的暗部，即对边缘处进行加深；③进一步对反光带的白色进行晕染。

6

本步骤开始进行投影的表现。投影的表现在整个步骤中滞后，原因在于可以根据当前整体表现情况，决定是细腻表现还是粗犷地虚化表现。本产品效果图选择的是后者。阴影的表现忌色调一样，一定要让明暗过度明显些，即从最深的黑色变化为浅灰。适当加上些许笔触，营造一种粗犷感，通过对比凸显产品的细节。

7

在表现收尾阶段，对高光处进一步提亮，同时对带状的反光形成更为明确的边缘，并考虑反光处对产品固有颜色的反馈，略微添加反光带附近的产品色调，譬如本产品外壳为品红色。

最后，用针管笔对产品轮廓进行描绘。一般说来，根据透视原理，距离观者近的地方线条肯定粗实明显，距离观者远的地方则采用虚化的细线，形成虚实结合。

8

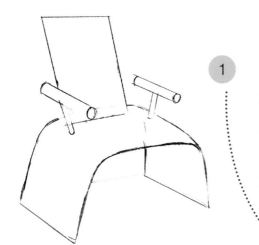

2 家居轻工产品类·木椅

① 本例表现对象为中国古韵与都市时尚结合的木质靠背椅。产品的绘制时长控制在40分钟以内为宜。技法重点在于用彩铅表现木头材质及其木纹肌理。

家具类产品打形的时候可以使用尺规，如用在该产品的靠背、扶手等处。

彩铅上色环节第一步均为通过排线对产品的形态进行立体化表现。在该环节里，选择颜色需要慎重。一般说来，同一个色调的产品，要表现不同的明暗调性，可以选择颜色相近的彩铅。在基础色调铺陈过程中，光亮处的靠背使用的是浅棕色，坐板的暗部则使用的是深棕色。

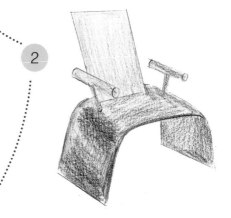

用铅笔来表现木材的材质时，笔法上应注意两点：①运笔可以比织物类材质粗犷些，即排线不要过于细腻，同一块面的布线也不必追求"面面俱到"，如靠背椅背板可铺线粗略；②明暗关系对比不能太强烈，即同一个块面的深浅关系区别不大，这点与织物类产品非常不同。

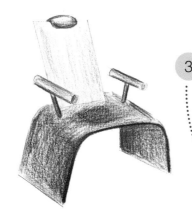

用彩铅表现木头材质，一定要利用好线条的粗犷感。在进行润水晕染时，需要保留一部分干涩笔触痕迹。因此，木质产品的干铅笔排线时长要少于轻工类产品的织物材质。粗犷排线可以省去不少时间。

此外，由于不用特别在意明暗深浅的变化，木头材质较织物材质的表现省略了清水润笔汲取色调这一步骤。

在润水晕染后，一定要在半干的状态下进行木纹勾勒。未干前勾纹是彩铅木质表现的一个"诀窍"。

勾木纹线有两个经验：①使用比块面色调更深的颜色；②使用磨损后略粗的笔头，不要使用尖笔头。

木纹线表现要点有两个：①运笔力度时重时轻，从而可以让同一支笔也能表现出深浅变化；②不要用过于光滑的线条，要带有一点"涩"度。

⑤

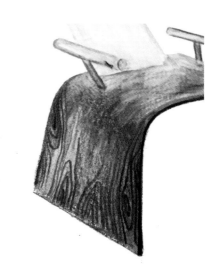

⑥

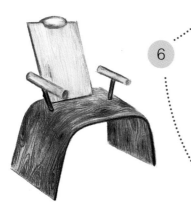

在营造类似年轮的木纹肌理线条时，需要注意疏密变化：①同一个年轮圈组中，圈与圈之间的间隔要疏密变化；②同一块面里，不同年轮圈之间要疏密变化，即不能均匀分布，否则显得不真实、不自然。

在勾勒年轮圈线条时，将个别年轮圈中间的线条加重加深，便形成一种木头疙瘩结巴的感觉。

原生态的木头段，如该产品的扶手部分，要让轮廓变得略粗糙起伏，从而更加真实自然。

⑦

⑧

当所有木纹肌理的线条勾勒完毕后，用清水润笔并用卫生纸吸出一定的水分，形成略为干涩、含水量低的笔头。然后在木纹线条上适度拖力用笔，局部形成类似"飞白"的效果。这是彩铅木质表现的另一个"诀窍"，可以让木纹材质表现得较为自然，削弱勾线的笔法感。

在产品的局部表现阴影，用深棕色结合黑色铺陈色彩，然后稍加晕染。

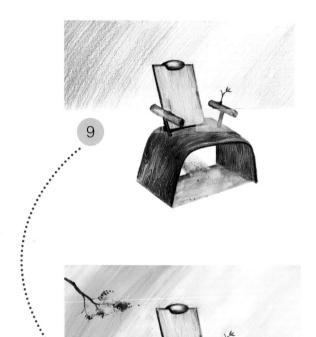

用彩铅绘制背景色时使用黏度相对较低的隐形胶带。如本图中的扶手处贴的一小段正是隐形胶带。

铅笔排线时，一定要大胆地画出去，画在隐形胶带上。这样当撕去胶带后才能形成比较自然、清晰的背景色边缘。

关于背景色块的排线方式，需要根据产品主体部分来考虑，或粗犷、或细腻。

晕染背景色块时，需要保持笔头适度的蕴水性，并使用恰当的力度进行排笔晕染，化开铅笔的排线。这个过程将水溶性彩铅的"溶水"特性呈现得非常清楚。同样，晕染的笔也一定要画到隐形胶带上后才收笔，切不可在背景色块轮廓线之内收笔，一是容易形成水渍，二是会导致边缘不够清晰。

本图的背景色块晕染保留了一定的铅笔笔触，结合融化的湿润色调，欲表达一种小雨淅沥、斜雨微风的感觉。充分利用了铅笔的水溶性润化色彩。

背景晕染完毕之后撕去隐形胶带。

最后，根据画面的意境需要进行适当点缀。本图在背景色块左侧使用彩铅绘制了一枝桃花，飘零片片花瓣于椅侧，取名"春至椅"，绘制上一枚题名印章。这些点缀的细节，皆运用了水溶性彩铅的特性：①花瓣晕染的深浅形成景深感；②印章使用较干涩的笔进行"飞白"效果处理。

3 家居轻工产品类·高跟鞋

① 本例表现对象为一双女式高跟鞋。产品的绘制时长控制在50分钟以内为宜。

本次表现的技法重点除了高跟鞋本身以外，还有鞋子背后的衬布。由于属于快速表现技法类型，因此需要注意控制时间节奏。除了两只鞋子外，衬布表现所需的时间也应计入。

革制品与织物类产品的打形相对于家具、电子产品而言，线条更轻松随意，无须过多追求线条塑形的精准，在上色过程中可进行动态的调整或修形。

②

在表现该产品时，作者对表现对象的绘制顺序做了调整。先绘制鞋子后面的衬布。对产品效果图来讲，衬布更多是起背景作用，与色块背景的作用一致。而此图的衬布还具有一定的修形作用。

彩铅绘制衬布的方法与素描技法基本一致。由于时间限制，排线铺陈明暗时不必追求更多的细节，应该以较快的时间完成排线。预留足够的时间给润水晕染环节。

③

根据彩铅的属性，其比较适合表现反皮的革制品，不太适合表现较多反光和高光的漆皮材质。本图的高跟鞋产品经过水分的晕染后形成立体感。在此基础上，用针管笔勾勒革制品的针脚线。

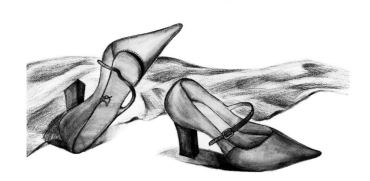

绘制针脚线时，需要耐心仔细，围绕鞋的皮革边缘，用细的短线条形成虚线式的线条。皮革的厚度较薄，使用彩铅直接绘制。由于皮革的起伏弯曲也会在厚度上形成一定的明暗深浅，绘制时通过铅笔的重复与力度的控制来表现色调的明暗。

最后，对衬布进行水分晕染。考虑到虚实结合，离观者近的部分全部晕染，随着距离的增加，逐步减少水分。远处部分不晕染，保留彩铅本身的干笔触线条。

4 工业设备产品类·头戴式耳机

本例表现对象为头戴式耳机。产品形态相对比较简单，绘制时长控制在30分钟以内为宜。

由于头戴式的产品造型，因此需要简单绘制出头型。工业设备类的产品绘制，经常会涉及人机工程学方面的表现需求。若牵涉人体状态，一般使用简单的、省略细节的大致形态予以阐述。

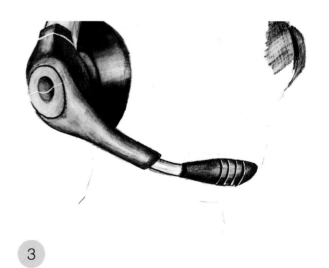

本产品的表现难点在于塑造耳机耳罩部分的立体感及赋予其一定的光泽度。值得强调的是，但凡需要表现光泽度的局部，都需要减少铅笔布线的数量。也就是说，该局部的明暗过度需要强烈些。明暗过度均匀且带状面积大则难以形成光泽感。光泽感的营造要求彩铅布线从暗部到亮部的过渡带要较短，即明暗过渡突然。

耳罩的立体光泽塑造除了在铅笔排线过程中注意明暗过渡带较短以外，在水分晕染过程中，也需要采用一定的技巧强化这种特征：将笔头润水后适当吸水，控制为略干的润笔头直接在该排线过渡带上汲取铅笔的色调，一边汲取一边使用卫生纸吸附笔头上的颜色。如此重复几次，就可以形成明暗变化明显的光泽效果。

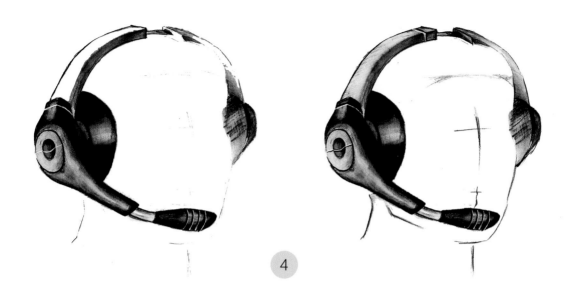

④

耳机产品的细节表现体现在分型线的缝隙、麦克风上的缝隙、局部小块面的明暗关系等。

考虑到虚实对比关系，距离较远的另一只耳罩直接虚化处理。虚化时，在晕染渐变上画上几道粗犷的笔触。头部的面部特征也用结构线进行虚化处理。

由于整个产品形态结构并不复杂，因此画面略显单调。可在画面的角落适当点缀标题、绘制签名等。标题字体也使用彩铅晕染上色，色彩尽量与主体颜色相呼应，避免突兀杂乱。

单一技法·色粉

1

家居轻工产品类·休闲布艺沙发

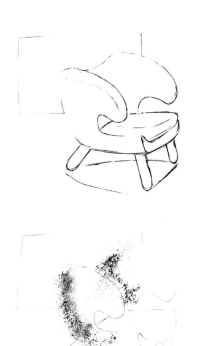

1

本例表现对象为一款休闲沙发。产品的绘制时长控制在50分钟以内为宜。本例技法重点在于使用色粉来表现绒布材质。

色粉棒用美工刀削刮为细腻的粉状，可以直接从产品暗部开始施粉，也可以先将色粉刮于一旁，然后用棉质化妆棉沾粉后再进行擦拭上色。本图采取前一种方法，该方法着色更深，上色较快。

2

使用色粉上色，产品色调的深浅由两个因素决定：一是施粉时，粉末的多少将影响该处的颜色深浅；二是用化妆棉擦拭时，手上的力道会直接影响颜色深浅，即通过擦拭来附着色粉。该过程中，粉末附着多少由力度决定。

第一遍上色，尽量选择单一色彩进行附着。在产品暗部，用力碾压粉末并擦拭；在产品亮部，将暗部的色粉逐步进行过渡晕染。

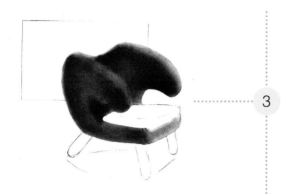

3

第二遍上色，选择比产品主色调更深的近类颜色，在产品的暗部进行施粉。深色的色粉在相对浅色的底上形成明暗关系，主色调经过轻重力度形成该颜色的深浅过渡，从而形成明暗关系。

在色粉上色过程中，由于化妆棉擦拭，色粉往往会超出线稿的轮廓。但不必太介意，在绘制后用橡皮擦拭去超过轮廓的色粉即可。

值得强调的是，黑色色粉一定要慎用！一般只需要很少量的黑粉，即可形成比较暗深的色调。

若某处的色粉颜色过重，可以使用软橡皮用力压色粉，从而吸附多余的色粉。但也会留下橡皮压过的痕迹。对此，再使用化妆棉擦拭形成色彩的渐变。

4

色粉经过化妆棉擦拭形成的颜色过渡比较均匀，适合表现布艺产品。当产品整体上色完毕后，使用软橡皮擦拭产品亮部，略微强调明暗关系，强化产品的立体感。例如沙发面向光源方向的扶手处。

5

当产品亮部擦拭后，会形成比较明显的擦痕。必须再次使用化妆棉对擦痕进行擦拭，让擦痕边缘与周边色彩自然相融。

在产品暗部再适当施以暗色调色粉，进一步通过明暗关系塑造产品的立体感。

6

沙发腿为圆柱体形态，相较主体的绒布材质，沙发腿具有一定的反光特性，因此沙发腿的明暗关系更加突出，橡皮擦出亮部后，用化妆棉调和时不必太均匀过渡，保留一部分明暗对比性。

使用色粉绘制背景色块，可以形成细腻的色彩过渡效果，其细腻的程度高于使用彩铅的效果。

略微画出背景色块轮廓后，建议粘贴隐形胶带，可以获得轮廓清晰的色块边缘。

本图背景采用的是品红与群青对向过渡的方式。两边各自施粉，逐步向中央减少施粉量。

用硬橡皮的棱角擦拭，形成浅白色细线，如沙发的坐垫与基座之间的线条。最后，用针管笔勾勒出产品的轮廓，避免仅仅使用色粉而导致的轮廓模糊。但在勾勒过程中，要注意变线和虚实感，以及与硬橡皮擦拭线匹配形成缝隙的视觉感受，即"阴阳线"对分型线、缝隙等的塑造作用。

7

2 家居轻工产品类·复古风沙发

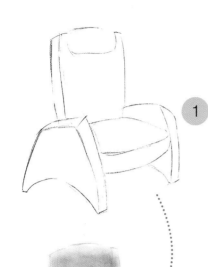

1 　本例表现对象为一款复古风格的单人座沙发。产品的绘制时长控制在50分钟以内为宜。本次技法重点在于使用色粉来表现两侧的木纹材质与靠背上的方格肌理。

　绘制线稿的时候，只需快速绘制出整体的形态即可，并在上色之前用橡皮擦拭减淡笔痕。

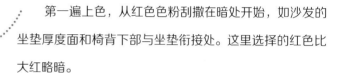

2 　第一遍上色，从红色色粉刮撒在暗处开始，如沙发的坐垫厚度面和椅背下部与坐垫衔接处。这里选择的红色比大红略暗。

　使用化妆棉晕染时，一开始就需要想清楚擦抹的方向，不要凌乱，特别忌讳一会儿纵向一会儿斜向。一个体块一般只使用一个方向。

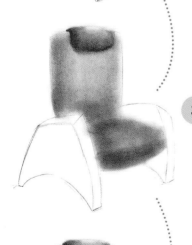

3 　第二遍上色，在头枕局部再次施粉，并借助棉签棒来晕染。头枕的一侧边缘、下部边缘都是暗部，颜色深。头枕的上部中间为亮部，颜色相对浅。经过晕染，形成弧形的凸面。

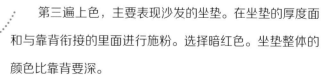

4 　第三遍上色，主要表现沙发的坐垫。在坐垫的厚度面和与靠背衔接的里面进行施粉。选择暗红色。坐垫整体的颜色比靠背要深。

　施粉后用化妆棉晕染。在旮旯处使用棉签棒来加深。

　在第三遍上色与晕染后，对比第一、二遍上色后的效果，模糊与凌乱感已经减弱很多，趋于归整。

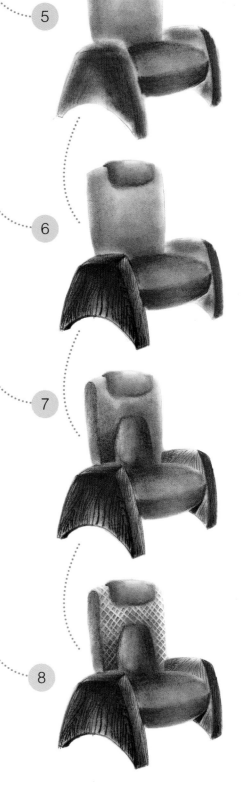

接下来使用类似的步骤对两边的扶手上色。

胡桃木的颜色较深，因此扶手的底色选择了较深的棕色。施粉时，略微注意方形扶手几个块面的深浅差异。但是，木质材料的明暗对比不强烈，略微区别即可。

在底色基础上，用色粉棒直接绘制木纹，绘制时使用色粉棒的边棱与块体的尖角。绘制时应注意：

(1) 木纹单线蜿蜒。

(2) 木纹单线有力道轻重，呈深浅变化。

(3) 木纹与木纹之间有疏密变化。

色粉棒绘制木纹纹理完成后，使用棉签在线条上重新描摹，即沿着线条施力碾压。之后，画面上会多出碾压后产生的粉末，吹拂除去即可。

碾压描摹的主要目的是对色粉线条进行固色。

为了使沙发略显陈旧，增加复古感，可在坐垫与靠背上略施黑色色粉，只需要一点儿即可。黑色色粉重叠在其他色相上，往往形成脏的感受。由此可见，黑色色粉的使用需谨慎。

接下来，在靠背上用硬质橡皮的棱边擦出一道道白色的细线，相互交错形成菱形格纹肌理。

在菱形格纹的暗部适当进行点绘，强化格子的凹凸感。

绘制沙发的整体阴影时，受光处进行较清晰的边缘擦除，下面的暗部则进行虚化处理。

9

本次使用了斜向的椭圆形色块背景，采用柠檬黄向橘红色过渡的渐变色调。表现该椭圆形背景时，将隐形胶带剪切为多个小段，挨着椭圆的轮廓贴覆。上色完毕撕去胶带后，会余留小段胶带衔接之间的钝角，再使用硬橡皮的棱角擦除，使整个椭圆的边缘圆滑。

对沙发的轮廓边缘稍加勾勒，起到对轮廓进行整饬的作用。但不要对轮廓全部进行勾勒，否则会显得画面过于死板。

沙发的左侧略空，使用金属色的油漆笔绘上"复古沙发"几个字进行点缀。金色的油漆笔泛着一点古铜色光泽，外面再勾勒黑边加以衬托，强化了整个点缀效果。

10

3 消费电子产品类·监测器

本例表现对象为一款带有屏幕的监测器。产品的绘制时长控制在35分钟内为宜。

本次技法重点在于使用色粉来表现屏幕和凹凸面的深浅关系。

线稿绘制局部使用直尺打形。

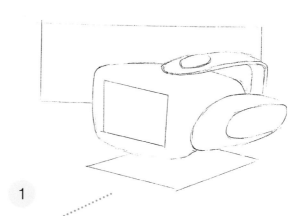

1

2

色粉表现产品形态具有一定的程式化的"套路"：第一步铺陈基色，第二步晕染明暗，第三步强化深浅，第四步勾勒细节。

铺陈基色。在第一步对基础色调进行上色时，一定要注意化妆棉的擦抹方向，在同一个面，方向尽量相同或相近，切记不可放射状运笔。

晕染明暗。晕染时超出形态轮廓的多余颜色用橡皮擦除即可。在晕染明暗阶段，需要思考一下该形态的明暗关系，按照此明暗关系对暗部进行再一次的施粉和晕染。对这些局部的形态理解应该有一定的归纳性，如圆锥、圆柱等，这样判断明暗关系才有依据。

3

4

强化深浅。对产品的亮部，使用软橡皮吸附色粉，从而减弱颜色深度，起到提亮的作用。色粉具有可擦除、可吸附的特性，营造光影深浅的变化就需要充分利用此特性，如该产品的两个椭圆凹面。

勾勒细节。刻画产品部件的厚度、块面与块面间的倒圆等。

5

重点对产品的屏幕进行绘制。使用典型的色粉屏幕画法，在

黑色晕染的透视块面上擦出高光线与反光面。

6

利用少许黑色色粉叠加，绘制产品构件自身的阴影。

采用矩形的色块背景。监测器具有理性的风格，因此，矩形色
块一定要粘贴隐形胶带以获得锐利清晰的色块边缘。其投影的绘制
同样如此。

7

绘制产品构件上的分型线缝隙。亮线使用白色色粉棒勾勒。
勾勒时用色粉棒的棱角边沿，以获得纤细的白线，并同时绘制高
光线或高光点。

8

最后勾勒产品的亮部轮廓。

色粉绘制电子产品等往往会由于色粉的技法属性导致轮廓边缘
稍显模糊，不够清晰明了。因此，可使用直尺在亮部勾绘轮廓线，
在一定程度上可以强化产品整体的形态轮廓。

9

单一技法 · 马克笔

1

消费电子产品类 · 插座

本例表现对象为带有控制开关的插座。产品形态比较简单，绘制时长控制在30分钟以内为宜。

在针管笔墨水未完全干的时候，马克笔会对其形成浸润。因此，打形的时候多使用铅笔，或待针管笔线条完全干后再上色。

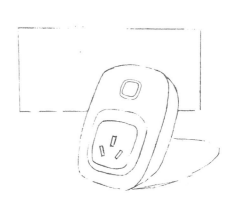

1

2

同一色号的马克笔，经过重复运笔将颜色叠加，形成深浅变化与明暗过渡。第一遍上色，通过明暗关系对插座的整个基本形态进行立体化塑造。

值得一提的经验是，马克笔初始上色一定要从浅色亮部入手，这点与色粉上色从暗部开始正好相反。

3

整体的立体感基本形成后，开始对插座上的不同块面进行表现，即表现块面与块面之间的深浅关系。

同一色号的浅灰调经过重复叠加而变深，但经过一定次数的色彩叠加后难以再进一步变暗。此时需要更换色号，选择比本身色调更深的色号在此基础上进行叠加。需要强调的是，冷灰与暖灰不能混合使用，须选择同一色彩序列的灰调。

4

插座的外壳为工程塑料，在光线下具有一定的光泽。但凡营造光泽感，暗部与亮部的过渡都需要强烈些，即灰阶过渡带较短。马克笔的重复次数及重复运笔的位置对此会产生明显的效果。

5

进展到此步骤，则要开始表现产品的细节部分，如插孔的厚度、按键与插孔面的凹凸关系等。

插座背壳的固有色彩为蓝色。蓝色的明暗深浅变化有三种营造方式：①同一色号蓝色调的重复笔法；②蓝色调的临近色号，即选用更深的蓝，通过重复叠加进行融合过渡；③在蓝色底色上叠加灰色调。第三种方式的灰色不能叠加重复过多，否则容易使画面显脏。

6

插座的缝隙、厚度等细节部分依然需要注意深浅明暗的变化和色调的衔接。这些细节的表现可使用马克笔的细头进行重复叠加。

马克笔绘制投影是本产品绘制的一个重点。总体方法是"深浅过渡+深色笔触"。深浅过渡：由产品边缘部分的黑色，逐步渐变到远处的中灰调；深色笔触：在中灰调上使用深灰或黑色叠加几笔转笔的笔触，笔触不宜过多，4、5笔即可。

7

使用高光笔或白色丙烯颜料勾勒产品的分型线、壳体接缝等细节。依然采用"阴阳线"的方式，即一黑一白，营造出清晰而强烈的缝隙形态。黑白的左右顺序根据产品该局部具体的光影透视来定。注意顺序不要反置，否则缝隙形态无法有效强化。

本图的背景选择用细腻的色粉来表现。而背景蓝色调的深浅位置需要充分考虑如何突出插座产品的主体。主体深，则背景色浅，反之亦然。

2 消费电子产品类·手持工具

本例表现对象为某手持工具。产品形态比较简单，绘制时长控制在30分钟以内为宜。建议马克笔的初步练习从形态较简单、较多直线造型的产品开始。以掌握马克笔的基本笔法、熟悉马克笔的物理特性为主要目的。

该产品的形态有着诸多直线轮廓，这些直线条用尺子来打形，会让形态显得干净利落。由于透视与造型表现角度，投影表现选择了"漂浮"的方式。

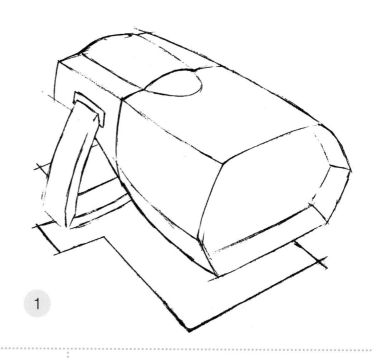

1

2

3

为了熟练马克笔的运笔，对该产品进行单一色系的表现。

一般说来，单色马克笔表现至少用到三种颜色（同一色系为佳），通俗来讲即浅、中、深三种：浅色绘制整体底色和亮部色调；中色绘制颜色的渐变与过渡，形成形态的立体感；深色绘制产品局部的暗部，以及在明暗过渡带绘制寥寥几笔的笔触来表现形态的光泽属性。

形态的立体感绘制完毕后，需要刻画产品的细部。①不同壳体之间的分型线。分型线一定会有缝隙的感觉。这种感觉采用紧挨着的一深一浅两笔来表现。②一定要为产品的亮部预留些许白色。注意，这些白色是在一开始运笔的时候留空的，而绝对不能用白色颜料来绘制。③产品细节依然要注意明暗深浅的过渡，如手柄部分、手柄与壳体相接的凸出造型灯等。

④

绘制投影。由于该产品有着诸多直线造型，因此需要粘贴隐形胶带，以获得硬朗而清晰的阴影边缘。用中灰色铺陈投影的主要色调，然后使用黑色马克笔进行笔触叠加。中灰调与纯黑形成了对比，让投影有"呼吸"的空间。但不能使用黑色进行大面积排线，会造成死气沉沉的感觉。深黑里透出些许灰色的底色，这种"透出"就是在营造一种深色中的色调"呼吸"。

最后，用针管笔绘制产品轮廓。近处使用直尺绘制，远处注意虚实结合。例如在产品尾部的转角处进行加深强调，随后提笔虚化。偶尔使用线条交叉出头来产生一定的轻快节奏，避免全部使用硬朗线条形成死板的感觉。

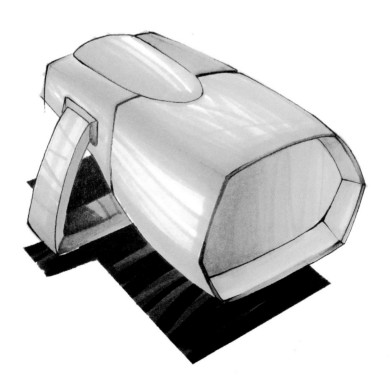

3 工业设备产品类·耳机套装

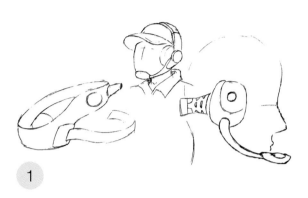

①

本例表现对象为耳机套装。由于为多个耳机组合，因此绘制时长比其他单个产品略长，整个绘制时长控制在50分钟以内为宜。

构图的时候注意虚实和远近关系。人头轮廓只是为了辅助耳机的展示，因此进行虚化处理。

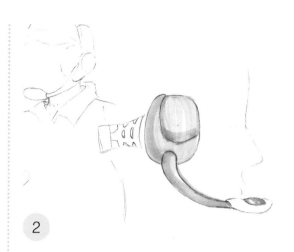

②

第一步，用浅色马克笔进行排列式用笔铺陈上色。需要强调的是，铺陈的时候需要预留一定的留白，不能在产品形态块面上全部排满色调。留白形成"呼吸"感，让画面有通透性，同时还可以营造色彩形成的光影。

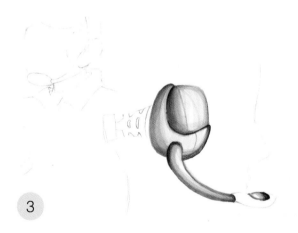

③

第二步，用重复笔法塑造明暗深浅的变化。用同一浅色色号的马克笔重复铺陈运笔，形成立体感。

第三步，在大致的立体感初步形成的基础上，使用同一色系但更深的色号对产品的暗部进行加深，强化立体感；与此同时，在亮部绘制2、3笔细线笔触。深色的细线笔触的作用在于匹配暗部深色，在亮部形成色彩的过渡，这是马克笔技法表现产品光泽的常见方式。

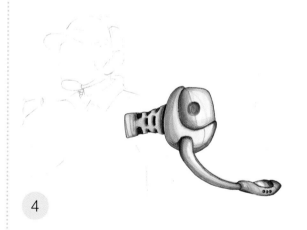

④

第四步，对产品的细节进行刻画，如耳机罩上的凹圆钮、松紧带上的凹凸孔等。

选择同一色系、不同深浅色号的马克笔运用重复笔法，完成具有晕染过渡感的明暗深浅关系塑造。对于产品细节表现来讲，局部的形态采取归纳性形态的表现技巧，如近似圆柱体、圆锥体、半球体等。它们的明暗关系最终组合为产品的整体立体感。

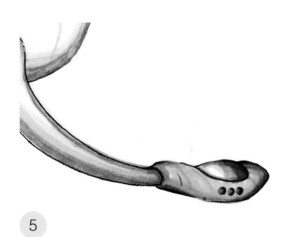

5

　　无论再细小的局部，都需要注意形态的明暗深浅，且尽量避免色调的全部铺陈。全部铺陈色彩，就是所谓的"平涂"色彩，应尽量少用。马克笔上色一定是转笔与重复交替使用，形成色调的变化，从而最终实现对形体的立体表现。

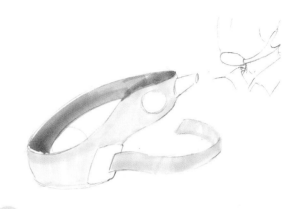

6

　　插座的缝隙、厚度等细节部分依然需要注意深浅明暗的变化和色调的衔接。表现这些细节可使用马克笔的细头进行重复叠加。

　　马克笔绘制投影是本产品绘制的一个重点。总体方法是"深浅过渡+深色笔触"。深浅过渡：由产品边缘部分的黑色逐步渐变到远处的中灰调；深色笔触：在中灰调上使用深灰或黑色叠加几笔转笔的笔触，笔触不宜过多，4、5笔即可。

7

　　完成一个独立的耳机部件后，要表现其他的独立部件，均是对上述绘制技法步骤的重复。同时注意产品形态产生的阴影透视关系和对应的形态明暗。

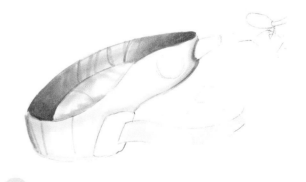

8

　　不管产品部件固有颜色是什么，均应从该色系的浅色开始着手第一遍的铺陈色调。浅色加深容易，但深色马克笔上色后基本不可能变浅。

9

10

总结本例中两个耳机部件的表现过程，大体的步骤如下：

(1) 浅色着手，排笔铺陈整体色调。

(2) 同一色号，重复叠加形成深浅。

(3) 加深色号，再次重复强化明暗。

(4) 深色色号，三四笔的细笔笔触。

(5) 些许留白，形成亮部与光泽感。

无论是留白的位置还是深色笔触又或重复运笔形成的深浅关系，一定要遵循局部的归纳性形态特征。例如图中的绳带，应视为圆柱体表面。那么它的明暗关系则遵循圆柱体的表现方式，最终形成恰当的形态感。最后，在勾勒产品轮廓线的时候，注意不要勾"死线"：①同一段线条，运用变线；②同一产品，根据透视远近，运用粗细不同的线条形成虚实关系。

11

画面远处的用户使用状态图，尽管属于虚化处理的定位，但无论是棒球帽的半球体，还是耳机头箍的长方体、麦克风的圆柱体等，都有局部的深浅变化。不能因为是虚化处理就"平涂"颜色。"平涂"技法无法形成形态的立体感。

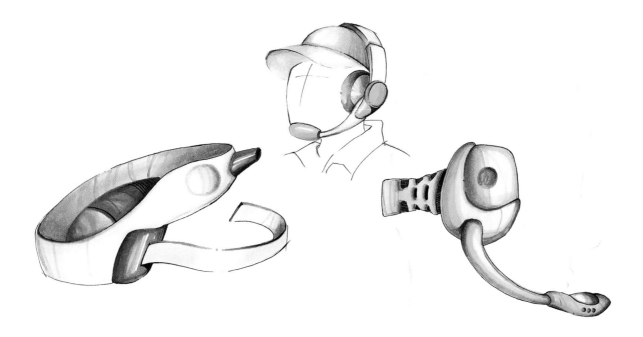

12

至此，整个耳机套装产品表现完毕。各部分都注意到了对形态立体感的塑造。总结来讲，一是运用颜色深浅呈现立体造型的光影关系，二是运用适当的留白营造亮部，三是采用少许深色笔触营造产品的色彩光泽。

马克笔在运笔排线的时候一定要符合局部造型对应的归纳性形体的明暗关系特征。此外，不要随意在形态中间断笔，尽量在形态的线与线之间形成笔意的起止。

4 工业设备产品类·轻骑摩托

本例表现对象为一款轻骑摩托车。由于该产品的块面与结构相对其他电子产品而言更复杂，绘制时间相对较长，整个绘制时长控制在45分钟以内为宜。

交通工具、生产设备等产品在构图的时候尤其需要注意透视的准确性。在打形完毕后，应对线稿整体略微地擦拭，避免底稿线条色度过重。

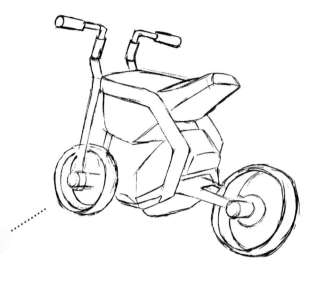

1

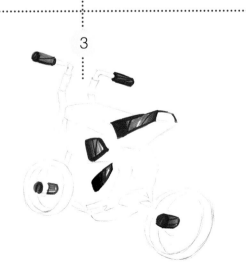

2

3

该产品形态虽然块面较多，但每一个块面马克笔绘制的基本笔法步骤基本相同。当然，由于块面的面积大小不尽相同，对于比较小的块面的用色将会少些层次。

本图从摩托车的坐垫开始第一块色彩的绘制。用橘红色打底，红色做深色笔触。

只要有足够的块面面积，色彩尽量不要全部铺完，留下些许的空白缝隙笔触空间。留白均是块面的高光或亮部。

红色与深红色的笔触不宜过多，2、3笔即可。若笔触过多，必定会形成遮挡面积，使颜色过深或留白处被"蚕食"。此外，这些笔触一般采用微弧度的运笔，不宜采用硬朗的直线。

4

接下来，使用冷灰系的浅灰色马克笔绘制车身。第一步，用浅灰色铺陈打底；第二步，浅灰色进行重复运笔，形成一定的深浅与色调过渡；第三步，用中灰笔触来绘制产品的亮部，用中灰叠加重复产品的暗部，形成暗处的过渡；第四步，在暗处用深灰色绘制光泽的笔触。

5

而车身的光泽仅仅依靠笔触线条来表现是不够的，需要进行色调重复叠加，利用一定的对比形成光泽感。比如在"＞"字形车架形态拐角处集中叠加灰色，加剧渐变，从而形成光泽性。又比如车轱辘处则是中心放射性的深色运笔。

6

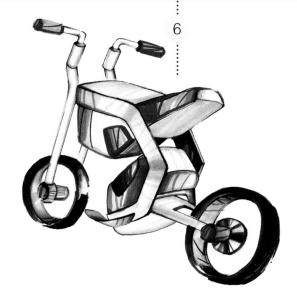

当全部的块面都上色完成之后，需要根据整体效果进行以下工作：①整体强化明暗对比，即针对产品暗部再次进行深灰色的叠加渐变；②补充几笔深红色与深灰色的笔触；③处理虚实对比关系，如轮胎前后的虚实、轮廓线的虚实；④产品细部的处理，如立体的厚度表现。

最后，用针管笔勾勒一部分近处的形态轮廓。对于快速表现来讲，目前的效果基本完工。注意控制绘制的时长，不要在明暗深浅过渡的表现上花费过多时间，否则容易使整体时间延长。

第六章

技法综合：
步骤解析

对不同的单一技法进行综合运用，其优势有4个方面：

(1) 每一个技法在表现不同的产品类型时有着各自的特色，如水溶性彩铅的细腻、色粉的柔和、马克笔的灵快。综合运用可以在不同产品局部呈现相应的特色。

(2) 在处理某些局部的时候，某些技法相对更快捷，因此可以缩短整体绘制时长。

(3) 发挥单一技法处理不同产品特征的优势，如表现皮草的毛绒材质，色粉更加真实；表现半透明材质，马克笔则可以轻松利用自身的透明属性和叠加笔法互不干扰的笔法特征。

(4) 不同技法的适当综合可在同一幅图里形成多元化的层次感，让图形更具有表现力。

本章中的各产品绘制，在形态不复杂的情况下，绘制时长应当比单一技法训练阶段缩短。而一部分产品的形态、材质等相对复杂，比上一章的难度有所提升，因此本章属于手绘技法的进阶提升阶段。

技法结合·彩铅 + 马克笔

1

家居轻工产品类·儿童安全座椅

本例表现对象为一款私家车上使用的儿童安全座椅。将综合使用水溶性彩铅与马克笔，整个绘制时长控制在45分钟以内为宜。

初步分析该产品的造型，整体以圆润形态为主。彩铅在表现圆润立体形态方面有着比较快捷的优势，因此尽管为不同技法的结合，依然可以彩铅技法为主，马克笔为辅。

1

2

在彩铅技法环节，与单一技法训练并无二致。由于产品的主要使用目标人群为儿童，因此在铅笔排线的时候应稍微细腻些。细腻的布线经过润水晕染后才能更为细腻，才能符合儿童产品追求安全、品质的视觉感受。

彩铅布线，第一遍单层满铺，不用注意立体感；第二遍追求深浅明暗，塑造形态，这一遍比较多地使用素描的技法基础。

3

铅笔上色环节通过明暗交界线等形成了亮部与暗部的关系，通过布线的深浅形成了体面的凹凸、圆润等塑造。铅笔上色的时间约占整体绘制时间的40%。操之过急会削弱表现的细腻感，而过于细致则会使绘制时间过长，有悖于快速表现的目的。

4

　　在润水之前，适当地对产品的一些细节予以强化，如增强凹面内色彩过渡的均匀感、加深不同形态之间的阴影、扶手等轮廓边缘的暗部渐变等。

5

　　既然是技法的结合，就要充分利用各个技法自身的优势。儿童座椅安全带为弯曲的长条形的带状形体。可以采用马克笔的浅灰色重复叠加方式，轻松而快捷地形成带形过渡。

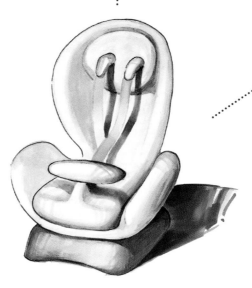

6

　　值得强调的是，马克笔在水溶性彩铅底稿上不能像单一技法那样进行过多的重复。因为在重复用笔的过程中，也会将彩铅的颜色融化，造成负面影响：一是不必要的加深，二是污染笔头，三是使得溶解处出现"花"和"乱"的运笔痕迹。第三点的负面影响最大，但马克笔又不可避免地会出现溶解铅笔颜色的情况，若在局部出现这种情况，需要采用逐步排笔的方式对颜色进行渐变过渡，这一点是该技法结合的难点。总之，马克笔也需要对铅笔颜色形成色调渐变的晕染效果。

7

马克笔通过浅灰色的渐变，形成了安全带的弯曲形态，同时也形成了安全带的阴影关系。由于安全带的弯曲，使得其与座椅靠背的距离忽近忽远，所以，在表现安全带阴影的时候，也要注意不均匀的深浅变化。这是在表现轻工产品，尤其是织物类产品的时候（包括衬布等）需注意的技巧。

8

在彩铅底稿上进行马克笔的渐变，可以非常快速地呈现均匀的深浅变化效果，因此，本图的产品阴影大量地使用了这种效果，如护腿板的阴影、椅子在基座上的阴影等。而椅子的整体阴影则为单一马克笔表现，形成浓淡变化的效果。

使用马克笔转笔法绘制色块背景，让整个画面鲜亮起来。最后，在勾绘产品轮廓时，椅子的暗部使用粗黑线勾勒，可以产生俏皮感，符合儿童产品的定位。

2 工业设备产品类·机柜

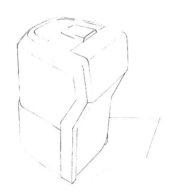

1

本例表现对象为一款设备类的机柜产品。产品形态虽然比较简单，但涉及透明材质的表现，因此稍有难度。产品的绘制时长控制在50分钟以内为宜。

工业设备类产品的形态应赋予硬朗、稳定的产品语义。线条包括其投影都使用直尺绘制。本产品的表现难点在于机柜的半透明机壳（透明罩）。针对此难点选择水溶性彩铅与马克笔的技法组合。

2

第一步，表现机柜非透明部分的外壳。用彩铅进行比较细腻的排线，表现不同体面的深浅明暗。机柜的S形直线弯折造型形成了比较细窄的块面，注意在弯折处和结构线部分适当强化明暗关系，即适当地加深结构转折处的色调，对营造形体的硬朗感受有着促进作用。

3

对于透明罩部分，在第一步的铅笔排线环节可当作不透明的块面进行处理。

当完成所有形体的铅笔上色与明暗关系表现后，第二步，排笔润水进行色调晕染。运笔注意下面两点：①一笔挨着一笔地运笔，不能来回地"涂"或"搓"；②不能在块面中间断笔，一旦断笔就容易在此处形成水渍。正确的方式是在轮廓线的线与线之间断笔，将水渍收敛在线的边缘。

4

第三步，重点表现透明罩。在透明罩的块面晕染时，可适当地故意运用水渍效果，从上一步的步骤图可以看出，水渍能形成一种斑驳的效果，辅助后续步骤加强光泽感。

在铅笔晕染后，使用浅灰色马克笔，采用转笔法强化玻璃上的斑驳光影。然后使用中灰色马克笔绘制3、4笔宽窄不同、弧度不同的笔触。

⑤

第四步，继续强化透明感，具体为：

（1）背面形体的若隐若现。用浅灰色马克笔进行叠加，形成透视结构线。

（2）机柜背部玻璃的反光感表现。将适当减少玻璃罩顶部块面的色调，使其呈灰白色，并对立面的明暗交界线明确化。

（3）增强玻璃罩与机柜衔接角落的光影。针对昝晃角度进行加深强调，适度进行晕染淡化，从而使玻璃边缘清晰。

⑥

第五步，绘制机柜阴影。机柜的阴影采用边缘贴隐形胶带的方式绘制，形成边缘清晰的阴影。需要说明的是，虽然现实的阴影是模糊、消退的影子边缘，但在产品效果图表现中，在某些情况下，阴影还充当了背景色块的作用。本图就是这种情况。

由于机柜的透明罩的作用，阴影里应该具有产品颜色的反光影响，因此在投影的远处增添少许的黄色，使其呈现反光色调。

⑦

最后，对机柜阴影进行蘸水晕染并勾勒机柜的形态轮廓。近处的线条勾勒力道较大，形成实线；远处的线条则比较纤细，形成虚化的线。尽量形成一定的虚实对比与远近透视感。

本例的机柜透明罩呈现了水溶性彩铅与马克笔技法结合的表现方式，相对于单一的彩铅技法而言，效率更快捷；相对于单一的马克笔技法而言，透明与反光效果更佳丰富。此方法的适用范围比较广，但凡有透明材质的产品均可使用此方法。

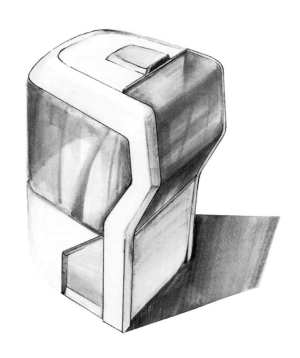

技法结合 · 马克笔 + 色粉

1

家居轻工产品类 · 单人沙发座椅

本例表现对象为一款休闲类的单人沙发座椅。产品的绘制时长控制在35分钟以内为宜。

沙发座椅坐面与靠背均为革制品。在绘制时，可以先思考坐面与靠背各应用什么技法来表现。

本产品的表现需要注意的地方是，革制品材质具有一定的反光视觉感受。

首先，用色粉为坐面上色。从色粉棒上刮下粉末，使用棉质化妆棉进行抹压上色。

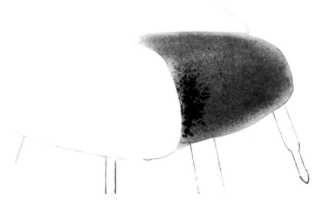

坐面为横向U形的形态。在色粉上色时注意对弧面明暗的营造。由于棕色革面本身色彩及光线的原因，面向地面的部分为颜色最深处。

在施粉的时候，一般都是从颜色较暗的区域开始，施以小面积的粉体即可，然后进行擦抹晕染。若颜色还需加深，则再次施粉。尽量不要一次性贪求粉多色深。

④
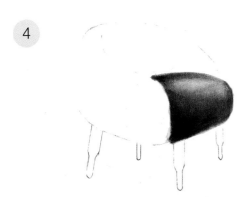

然后在受光的亮部，即坐面的上部，用橡皮擦擦除一部分色粉颜色。从而既可以形成反光的表现，又可以强化坐面的立体性。橡皮擦拭后，依然需要用棉质化妆棉对擦除的痕迹进行晕染过渡，达到褪痕的目的。

⑤
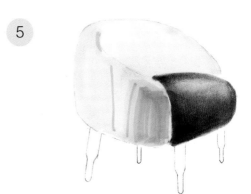

接下来，使用马克笔表现靠背。当确定为翠绿色系的色调后，用该色系中的最浅色马克笔先铺陈一遍。再使用中间深度色调进行重复笔法。通过重复形成形态的明暗变化。在重复笔法过程中，靠近产品边缘的地方使用一般的排笔方式，靠近亮部的地方则使用转笔或细笔，不再挨着排笔，否则排笔过多就会形成涂色的死板感觉。

⑥

使用深绿色马克笔绘制暗部的色调，同时在明暗交界处绘制3、4笔的深色笔触。靠背的造型为C形，在垂直方向有一定的弧度。因此，之前曾强调的马克笔不要在形态中间断笔的注意点在这里不必拘泥。因为若刻板地注意了马克笔运笔起止在线与线之间的话，那么会使得垂直方向的靠背面色调太均匀，无法有明显的光影变化。

⑦

本沙发座椅的表现重点在于靠背的褶皱。织物、皮革等材质运用到家居产品上往往都会形成起伏的褶皱。

在用马克笔绘制完毕基本的靠背色调后，使用中间深浅调的绿色绘制每一道褶皱的暗部。每一道褶皱可以简单地理解为圆柱体形态。

8

　　既然是技法的综合，则不能只是在产品局部各自使用单一技法，这样不能发挥出技法综合的优势。对于本产品而言，使用浅色马克笔在坐面上绘制2、3笔浅痕笔触。在色粉质地上利用马克笔透明的属性绘制笔触，结合色粉擦拭的反光带，可以形成比较自然的革制品表面的光泽感。

9

　　由于沙发腿为圆柱体，从二维平面角度来讲，上色面积比较狭窄，使用马克笔来绘制比用色粉绘制提速不少。若用色粉绘制则容易溢出边缘，再使用橡皮擦拭，这样的过程耗时自然比马克笔多。

　　马克笔绘制沙发腿时，应注意在亮部采取留白的方式，即圆柱体的明暗关系为两边深、中间亮。同时使用浅色调绘制沙发腿的倒影。

然后，用针管笔勾绘产品的外轮廓。就本产品而言，依然会有波浪形起伏的边缘，需要注意褶皱边缘。此外，不同的皮革块面或许会形成一定的接缝，如最左侧的靠背轮廓线上部。针脚线说明是两块皮革衔接的，那么可在衔接处轮廓线进行断笔，形成类似一种非常微观的"台阶"式的接笔。左侧这条轮廓线就不能使用流畅的一笔绘制的方式。

为了突出该款沙发的休闲气质，背景色块采用了椭圆形的形式。然后再在沙发腿倒影的地面略微施粉晕染，强化地面的光泽性。

最后，用POP字体点缀产品的名称，并与椭圆形渐变色背景呼应形成俏皮感。

2 消费电子产品类·电子笔

本例表现对象为一款概念电子笔。产品的绘制时长控制在35分钟以内为宜。

与先绘产品主体然后再绘背景的常规作图顺序不同，本图采取了相反的顺序。并且是通过擦除色粉背景底色来为产品主体的表现腾出空间。

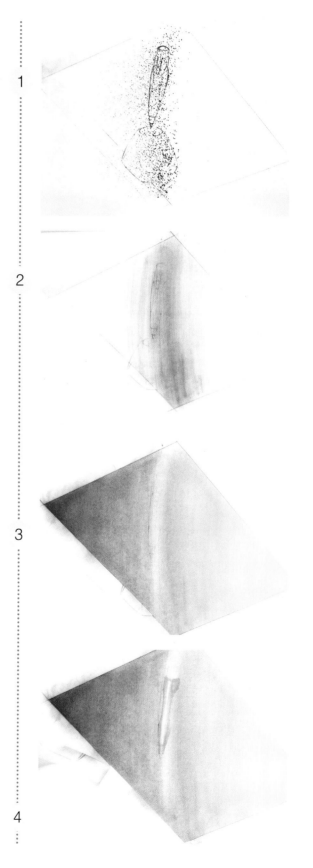

背景采用的是对角斜置的不规则菱形色块。先在色块周围贴上隐形胶带，注意胶带的黏性要适中。再在上面均匀洒粉，然后用棉质化妆棉进行擦抹。

像这样面积比较大的色块，化妆棉不能捏成一团擦拭，而应使用化妆棉的一个侧面进行擦拭。否则晕染色粉不均匀，容易出现一道一道的擦拭痕迹。擦粉起止都要在胶带纸上，即要超出色块边缘。

色粉背景一般均为渐变的色调。本图的背景一边为蓝色，一边为柠檬黄色，两色交融则在背景中间呈现绿色。大面积的色粉过渡与渐变需要增加擦拭晕染的次数，以达到色彩的均匀渐变。

在电子笔产品位置，用软质橡皮擦拭，消除一部分色粉。而残余的色粉则可以辅助表现环境色的影响。在大面积擦拭的时候，需要用卫生纸垫在手腕处，避免因为擦拭的力道过重而使手腕在色粉背景上留下不需要的痕迹。

擦拭出的一抹白底正好成为笔的亮部部位。在白底上使用浅灰色马克笔对笔杆上色。

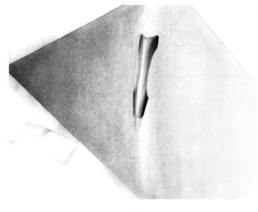

5 　笔杆为圆柱体的形态，圆柱体的明暗变化呈现两边深、中间亮的典型深浅特征。浅色马克笔通过重复形成渐变，再用中调马克笔加强明暗的过渡。在笔杆的两边边缘使用深灰色。从深灰到亮部的灰白距离很短，要注意明暗深浅的均匀变化。

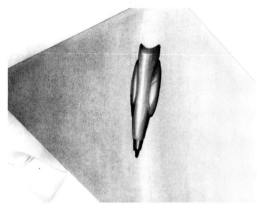

6 　笔杆的两侧设计有方便握笔的弧形凸起。首先对弧形凸起的局部略微施加少许的绿色色粉，擦抹散开，形成渐变色。然后在此基础上，用马克笔绘制暗部的笔触，注意不能遮盖掉之前通过擦拭背景而在此处自然形成的亮部。

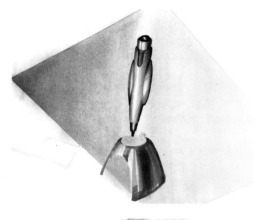

7 　本次先绘制背景、再绘制产品的方式有点类似于"底色高光法"：一是利用底色的残留，对产品形成环境色；二是利用擦拭的白色痕迹，为产品塑造亮部。后者在此基础上再用马克笔绘制暗部与明暗交界线处的笔触，形成一定的光影效果。如笔头部分、手握凸起部分、锥体底座部分，都充分利用了擦拭的亮部。

8 　电子笔底座为类似圆柱体的形态。马克笔绘制的时候应注意对该形态的明暗关系及其形成的立体感的营造

　基座的位置在背景色块上还要"冒出"一部分，不要全部被框在色块里。"冒出"产品形态即所谓的"破"，打破边界、突破背景框，也就打破了色块的呆板。

绘制阴影，就产品主体部分来讲进入尾声。

在锥体基座上端的擦孔边缘略微施加一些白色色粉，抹散均匀，结合本身的深灰色马克笔绘制层，形成弧形的形态过渡关系。

撕去背景色块边缘的隐形胶带，得到边缘锐利清晰的色块，形成干净明了的视觉感受。

9

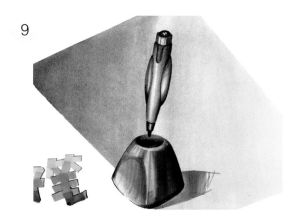

10

背景色块为对角线倾斜的大块体，使得图幅的左侧略空，因此写上产品名称可得到视觉心理的平衡。"电子笔"三字也采用了马克笔渐变颜色的方式绘制，其渐变的色调与背景渐变的色调一致，均为"蓝色-绿色-黄色"的渐变。

在标题一旁绘制一片漂浮的羽毛进行点缀。羽毛的绘制以色粉技法为主，利用色粉棒边缘绘出绒毛后再进行擦抹晕染；羽毛的淡淡的投影是使用浅灰色马克笔绘制，再在其上施加点点的蓝色色粉，以表达羽毛固有色对投影形成的色彩影响。至此，整个产品绘制完毕。

本图色粉背景虽然面积比较宽广，但产品的主体、笔杆与基座，依然主要用马克笔进行绘制，因此，总体来讲，本产品绘制是采用以马克笔为主、色粉为辅的技法组合形式。

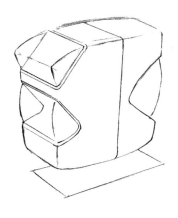

1

3 工业设备产品类·盒形设备

本例为一款盒形设备。三块凸出的三角块体为透明材质，属于本产品表现的重点之一。因此，尽管色粉表现的块面面积更大，但在本产品绘制时，马克笔技法起到了非常重要的作用，给产品表现增加了诸多细节。

产品主体为塑料壳体，造型并不复杂，整体为盒子形态。绘制时长控制在40分钟左右为宜。

首先用色粉打底。这一步仅仅是粗略地为壳体上色。超出轮廓线的色粉痕迹用橡皮擦除即可，因此在用化妆棉擦抹晕染时不必太拘泥于轮廓，缩手缩脚的擦抹反而容易使颜色显得花和碎。

2

完成铺底色的工作后，就需要对块体进行立体感塑造：

(1) 明暗交界线部位加深颜色。

(2) 在顶端部位，用橡皮在平面与垂直面交界处擦拭出一抹亮色，作为塑料壳体的高光反光。

(3) 由于壳体为塑料材质，同一个面内不会产生明显的明暗变化，因此以均匀晕染为主，适当区别深浅。

3

使用马克笔表现三块品红色的透明材质：

(1) 用浅色品红马克笔铺陈基本色调。注意预留一定空白。

(2) 用中色品红进行体块深浅的塑造。注意不要完全平铺，要有些许不均匀感，形成透明材质的反光光泽属性。

(3) 用深色品红绘制暗部及其在明暗交界处的营造笔触。注意面积不宜过大。

(4) 再使用浅色马克笔对透明材质的背面形体进行绘制，形成若隐若现的效果。该步骤充分体现了马克笔叠加而不干扰的属性，但要注意对背后的形体不宜绘制得过于清晰。

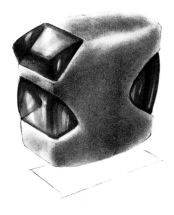

4

在盒子壳体一侧绘制分型线。先用硬质橡皮较锐利清晰的一边边缘擦拭出一道白线。强调：①使用直尺限定方向，用力擦拭一次，不能进行多次擦拭，否则白线会过于粗壮；②橡皮应该使用硬质的，软橡皮无法施加足够的力道；③擦拭时使用的橡皮的边缘应硬朗锐利，才能擦拭出较细的白边，然后紧挨着白线绘制一道深色线，同样使用直尺限定色粉棒的运笔方向。这样便可在底色上形成"一阴一阳"的分型线，缝隙感真实强烈。

5

在透明块体的深色与暗部角落，使用高光笔或钛白色丙烯来绘制高光线和高光点。在立面与平面转角处的分型线上绘制高光白线，呼应更加明亮的反光。在侧面的立面上，用浅色品红马克笔绘制3、4笔的宽笔痕迹。配合均匀的色粉底色，形成一定的光影表现。

6

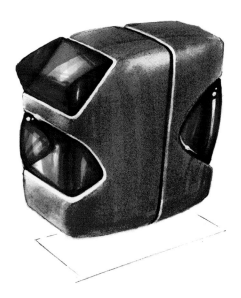

(1) 注意表现壳体的厚度：透明块体与盒子壳体相交的地方。

(2) 绘制边缘轮廓时注意分型线与块体之间的关系：轮廓的起伏、断开。

(3) 在整个顶面，即平面方向上，使用浅色品红绘制一道浅色反光带，贯穿所有块体的顶面。

7

本产品的阴影采用了"漂浮投影"方式，兼具一定的背景色块衬托产品主题的作用。

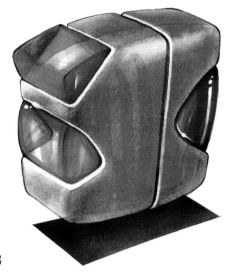

8

但凡兼具背景色块作用的"漂浮式"阴影，都应使用隐形胶带来贴盖阴影轮廓周边，从而形成清晰干净的轮廓。

色粉绘制阴影追求细腻感，注意形成一定的深浅变化，做到深黑中也有变化。

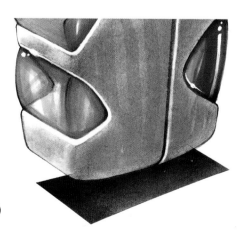

9

4 消费电子产品类·摄像头

1

本例为一款概念设计摄像头，具有音箱、屏幕等部件。造型并不复杂，整体为球体和圆柱体的结合。产品绘制时长在30分钟左右为宜。

位于中间的不规则椭圆屏幕在视觉中心位置。该屏幕使用色粉表现。在屏幕左侧暗部施粉，向右侧渐变减淡。

两侧的球形音箱使用马克笔表现，这是本产品表现的难点之一。

可采用四段式的"小窍门"，即先把球体理解为一个二维的圆（○），分别在其上下左右各绘制弧形的马克笔：右侧在亮部，左侧和下侧在暗部，根据明暗与深浅关系进行重复叠加变深。如此重复几次后，二维的圆逐步变为具有立体感的球形。

注意在左侧暗部往右过渡的时候，应预留空白，形成自然的亮部高光。

2

3

上端的圆柱体造型，用马克笔进行上下叠加晕染，向中部逐步减淡并预留空白形成该形态的亮部。

产品三处微突的光亮屏幕是本图的另外一个重点，采用的是"燕尾式"反光的表现技巧。

继续对球体形音箱进行表现。中间用深浅调的蓝色绘制笔触式光影：①采取转笔法；②不要在球体中间断笔，起与止均在轮廓线上；③采用弧形的笔意，不能使用直线条。

在球体的暗部，再使用深蓝色进行加深。加深后，依然需要使用中色调的蓝色适当地进行叠加渐变过渡。

4

推进表现产品的一些细节：

(1) 上端圆柱体在下面形体上形成的些许阴影。

(2) 三处微突圆形屏幕的沿口具有一定厚度，而厚度这个面形成自身的阴影明暗变化。

(3) 圆柱体上的结构分型线，使用阴阳线的方式表现缝隙。

产品的整体立体感基本形成后，接下来继续表现中间位置的屏幕。在绘制好的色粉渐变底色上，用硬质橡皮擦出一道高光。

擦拭过程注意：微弧度、细窄、边缘锐利。只允许一道高光线，即要求擦拭时一次性达成上述特征。因此，在橡皮落纸前，先思考一下用力方向，如何形成有微微弧度的细窄白道。

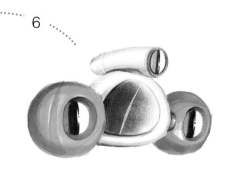

擦出合格的屏幕高光细线之后，继续使用橡皮的腹部，擦出紧挨着细线高光的反光带，并使用化妆棉压抹过渡。

再在反光带的一侧角度处，略微施加少许的黑色色粉，向反光带中间形成局部的渐变过渡。

使用钛白色丙烯，用叶筋笔（极细小的毛笔）在高光细线上点上2、3滴高光点。

至此，该产品的中央屏幕表现完毕。

继续用钛白色丙烯，勾勒强化圆柱体上分型线的亮部线，并对中间屏幕上侧凹孔的亮部进行点染。

绘制出产品的阴影。阴影的绘制采用了真实感的方式，而非色块化的方式。

为了突显产品圆润与Q萌的造型风格，产品的外轮廓全部使用粗的勾线笔勾勒。但值得一提的是，产品的内部造型轮廓依然使用针管笔进行勾勒。

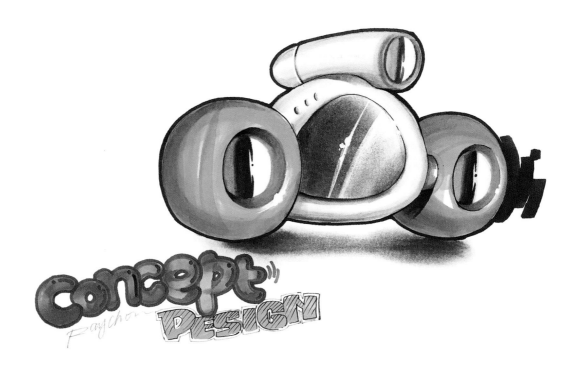

9

　　在粗线条外轮廓线右侧，再用粗黑马克笔绘制几道弧线，一是起到了局部背景色的作用，二是可表达震动摇晃的律动感。

　　最后，在产品一旁，使用蓝色马克笔写上俏皮字体"Concept DESIGN"点缀，并用针管笔在字体上绘制细节。

　　至此，整个产品绘制完毕。

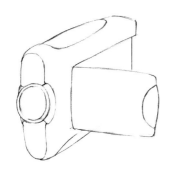

5 消费电子产品类·手持摄像机

本例表现对象为一款手持式迷你摄像机。造型中规中矩，属于家用的超薄迷你设备。产品绘制时长在40分钟左右为宜。

本次绘制采用了底色法，先绘底色背景，然后再绘制产品主体。产品的局部绘制采用的是非常典型的底色高光法。

①

首先，绘制出图幅线，即画面区域。贴上隐形胶带。用色粉先在产品主体区域施粉，化妆棉擦抹晕染开。

在产品的亮部，使用橡皮在色粉底色上擦拭出轮廓与局部的块面。擦拭的时候注意，为了方便手腕处用力且避免弄脏画面，需要铺上一张卫生纸来衬手，然后再进行擦拭。

这里使用了一个比较特别的橡皮，扁口的橡皮套，套在木头铅笔的一头使用，方便擦拭出白色细线与窄面。

用浅灰色马克笔绘制摄像机的壳体。由于马克笔透明的属性，可以叠映出底色色粉的颜色。同时由于马克笔本身的浅灰色，以及融合了一部分色粉，便形成形态体积的渐变。

因为马克笔会融黏一部分色粉，所以会造成马克笔笔头一定程度的污染。而浅灰色马克笔的使用频率很高，故建议可多准备一两只同样的浅灰色马克笔。

在摄像机机壳块体的暗部，使用中深灰色马克笔加强暗部的颜色深度。

以摄像机顶部的凸起长按钮为例，色粉底色擦出的白色为亮部，浅灰马克笔作形态明暗渐变，中深灰作暗部色调，整个按钮的立体感就基本表达出来。

由于先大面积的底色铺色，上述所有的绘制都需要用卫生纸来衬手，避免手腕在色粉上留下痕迹。

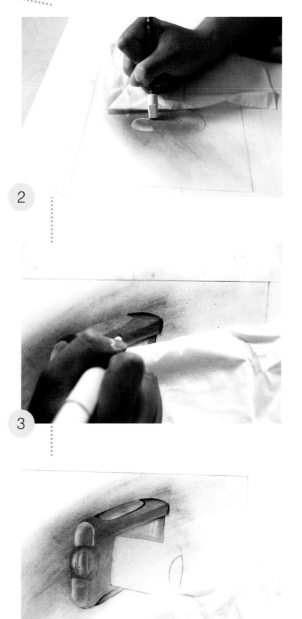

②

③

④

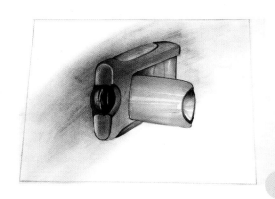

接下来绘制开启状态的摄像机屏幕盖背部。用软橡皮擦除屏幕盖位置的色粉，只残留些许颜色，作为环境色在盖子上形成的色彩映衬。

用浅灰色马克笔铺陈盖子的颜色。由于盖子为微弧的形态，因此通过灰色叠加来加深两边，中间留几道空白缝隙，作为立体光泽的表现。

对盖子上扣钮的角落适当加深，以强化弧形凸起感。

5

盖子半开启，绘制一片弧形阴影来加强盖子的弧线型形态。这片阴影的下部最深，逐步向上减淡。这是非常典型的马克笔灰阶渐变推移方法。

在工业设计手绘里，为了强化形态的特征，有的时候，光影效果或许会违背图中的实际光影原理，这片盖子上的投影就是一个例子。根据摄像机其他部位的明暗关系，不太可能单独在盖子上形成如此强烈的阴影。但这道阴影却可以更好地表现盖子的形态，因此给予了强化表现。

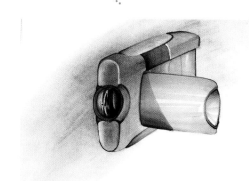

6

当产品主体的整体明暗关系基本形成后，开始补画背景。

本图采用背景对角线加深的方式。一端为深棕色，一端为桃红色。产品底色略感沉闷，因此选择桃红色提亮画面。

7

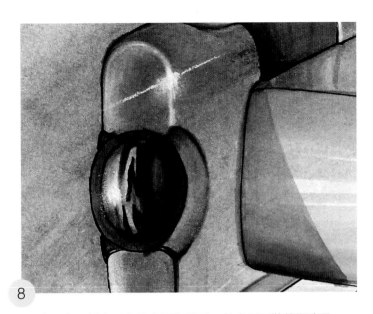

8

摄像机的镜头表现是一个重点。其表现有几个图层关系，从底层开始的顺序是：

(1) 最开始绘制的色粉底色。

(2) 使用马克笔绘制"燕尾式"的光影渐变。

(3) 使用深色马克笔，采取勾勒的方式绘制位于镜头左侧的亮部的光影。

(4) 使用色粉轻轻扑点反光处的白光晕染。

(5) 最后在白光晕染范围的中央直接点色粉上色，成为高光点。

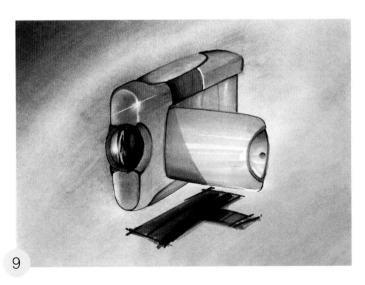

9

这里有一个绘制光晕的技巧需要强调：使用白色色粉晕染小范围的白光光晕，再在其中央点出纯白的高光白点；或者使用一丝两端虚化的白细线穿越白色光晕中央，这种方式可以表现出"锃锃亮"的光感。

最后采取比较粗犷的方式，大线条大块面地绘制出悬浮式的投影，与背景色粉的细腻形成对比。

6 消费电子产品类·空调扇

本例表现对象为一款家用空调扇产品。其造型并不复杂，但在扇片处需要细节描绘，此外，也要注意对产品外壳光洁光影的表现。绘制时长控制在60分钟以内。

本产品绘制技法重点与难点主要集中在塑料外壳的光影上，采用的描绘技法为色粉打底，然后在此基础上使用叠影法和马克笔的色阶法。

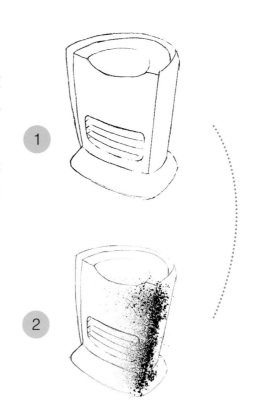

色粉打底的第一次施粉位置是产品整体造型的转角处。此处为非常典型的"明暗交界线"，即空调扇出风口为迎光面，背部为阴暗面，交界处往往是色调最深的地方。此处利于对色粉进行逐渐晕染。

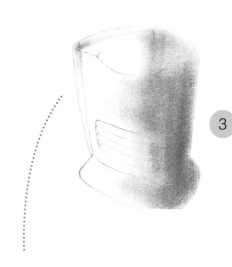

晕染色粉时，不必太在意扇片部分，将产品进行整体化的晕染即可。适当注意在扇片的迎光处减弱擦拭色粉的力度，这样扇片的亮部可以自然形成。

由于本产品外壳光洁度高，因此反光较明显。为了更充分地表现后面步骤的光影感，在晕染色粉时一定要注意擦拭晕染的方向切不可乱，且一律使用垂直方向的晕染擦拭。强调：①但凡需要突出表现反光光影的，一般均为垂直晕染；②运笔应干脆利落，忌讳中途断笔(中断擦拭或停留)。

产品壳体有一定的厚度且壳体边缘都有着一定半径的倒圆边缘。综合这两点，使用擦拭的方法擦出边缘。在色粉的基底上擦拭出的边缘不锐利，有一定的圆润感，符合壳体倒边的视觉感受。由于家电产品属于工业化的产品，因此在擦拭边缘时要借助尺子，以保证擦拭出的边缘呈直线且硬朗。

除了使用擦拭法表现产品壳体厚度外，还可用其描绘产品的窄边、台阶窄面等，如该空调扇基座与上部壳体结合处的窄面。

为了强化明暗交界线，在空调扇的背面暗部略微施加少许的黑色色粉，叠加并晕染于绿色底色上。

使用叠影法和色阶法来呈现光影，如图为放大细节。

首先，用浅灰色马克笔在色粉基底上平铺式地绘制一遍阴影。一般说来，当马克笔在色粉底上绘制一遍后，会有一定的固色效应，即叠加了马克笔的色粉处，色粉的粉质不会被轻易抹掉。

然后，在浅灰色马克笔阴影上再进行色阶推移，从明暗交界处的黑色逐步过渡到浅灰色。阴影中又透出些许绿色色粉底色，从而让灰阶中有了色调变化。这就营造出光影的通透感。

在空调扇的正面壳体上，叠加绘制3、4笔浅灰色马克笔，使用细笔或细转笔。目的是让光影在正面也具有些许延伸与影响。

空调扇的扇片使用马克笔来表现。扇片是比较窄的块面，且呈长条形。用马克笔来绘制的速度远高于使用色粉。

阴影或光影绝不是单纯的黑色，而一定具有均匀变化的深浅关系，并同时具有通透感，即黑中有"呼吸"一般的感受。

对于面积较大的地方，使用马克笔的色阶法进行深浅渐变，而对于面积比较小的地方，则使用重复法更为便捷。

扇片细节部分，需要仔细地对每一个叶片进行逐一晕染，加深里面垂直方面的暗部色泽。

在晕染扇片时，注意在其亮部减少用笔或不要用笔，这样才能呈现扇片亮部。与此同时，还要注意上下每片扇片的颜色应略有变化。而颜色深浅的变化通过马克笔运笔次数的不同就可以比较快地实现。

本产品在绘制时，对每一小块的光泽表现都应独立对待，逐一进行细致的晕染。然后再对它们进行整体考量，注意彼此之间的关联，深浅对比或衬托突显。

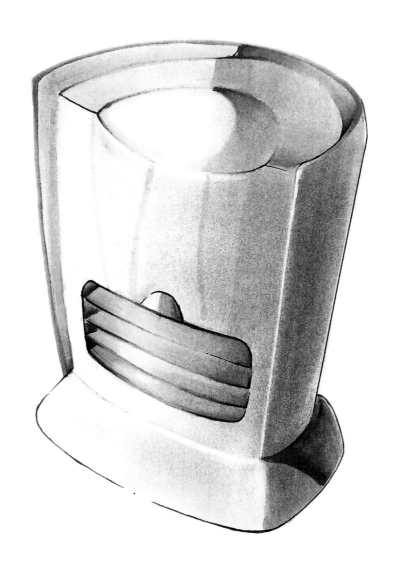

9

7 工业设备产品类·杯形设备

本例表现对象为一款杯形设备。形态简单，绘制时长控制在30分钟以内为宜。

该产品整体形态是圆柱体，可以更好地帮助理解色粉与马克笔技法结合形成"色粉定形态、马克增光影"的技法套路。该"套路"可以较好地辅助手绘基本功不够扎实的初学者在较短时间内形成快速表现范式。

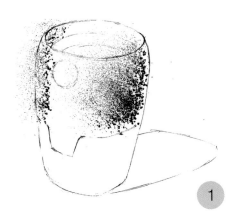

1

从暗部开始施粉，对于圆柱体形态来讲，暗部在两侧。由于默认为30°～45°受光，因此产品主体图形的右侧暗部面积要多于左侧。

在中间偏左的位置形成亮部，两侧的深色色粉向中间渐变晕染，需要在亮部预留空白区域，以便表现亮部的光影。

2

下部的杯子基座为深咖啡色。一般来说，深色部分的明暗渐变效果要弱于亮色部分（红色的上部部分）。因此，虽然圆柱体亮部位置在两个部分基本一致，但是其明暗变化并不一样。

3

用软橡皮擦拭垂直方向的亮部位置的色粉，红色部分的提亮效果要强于咖啡色底座。同时，减淡底座的边缘，形成一定的反光，并通过紧挨着的阴影来衬托出反光效果。

用硬橡皮擦刮出横向的杯子沿口的斜面造型。竖向亮部与横向沿口斜面交汇之处为整个杯子最亮的地方。

4

当整个杯形设备的整体形态色粉塑造基本定型后，使用马克笔表现杯子上的光泽，即为"色粉定形态、马克增光影"的第二个环节——光影的表现。

与此同时，浅灰色马克笔在色粉底色上叠加绘制，还可以对形态的明暗关系进行进一步的塑造。

5

杯子沿口的内边，用马克笔中间色调灰色绘制。最侧边为光线最暗的地方，也是马克笔色调最深之处，然后逐步向中间略微减淡，再画上两笔断开的笔触，呼应杯身正面的竖向光影。

6

绘制杯身的光影效果。

当无法确定马克笔与红色色粉叠加后的色调深浅时，一律使用浅色调尝试，然后再逐步加深，即宁浅勿深。

马克笔绘制光影需要一笔一笔地利索运笔，不要在中途迟疑，否则容易产生抖动弯曲的笔迹。由于杯口处有一个斜面造型，因此光影需要在此处断开。

7

光影本身也具有深浅的变化，并不是一成不变的色调。色调的变化与杯身整体的明暗关系基本一致，符合圆柱体两边暗、中间浅的基本特征。

然后，用硬质橡皮边缘擦拭的方法来绘制杯子的分型线。

8

橡皮擦拭杯子的分型线，根据手上力度的不同，也自然会形成一定的深浅渐变。力度大的地方擦出白色，力度小的地方则让色粉底色反上来些许。这些反上来的底色自然形成了环境色，符合真实的状态。因此，总结来讲，擦拭分型线的亮线并不意味着就是一道白色线贯穿，这反而是不恰当的。

最后，用色粉绘制阴影，远处适当减淡；用针管笔绘制轮廓，远处进行虚化处理。

9

8 工业设备产品类·吸尘器主机

本例表现对象为一台吸尘器的主机。形态比较简单，绘制时长在35分钟左右。

该产品的形态特征是整体弧度的楔形体块。使用色粉表现的重点是，通过色粉的擦拭与晕染表现体块的圆滑转角。

施粉的时候，在体块的暗部面进行撒粉。

1

将化妆棉折叠，使用宽边进行整体擦抹，并且贯穿产品形态的头尾。第一次整体色粉晕染时暂时可以忽略吸尘器上的凹凸与块面。

然后用软橡皮擦出吸尘器顶部的亮部和圆滑转角处形成的反光。同样，擦拭亮部与反光的时候，也需要贯穿产品的头部与尾部，中途不要犹豫和间断。

2

3

用中灰调马克笔绘制吸尘器的暗部。一边重复叠加运笔，形成暗部的深灰渐变；一边进行转笔运笔，形成笔触式光影。

同时开始刻画吸尘器上的凹凸面和不同机壳块面形成的颜色变化。

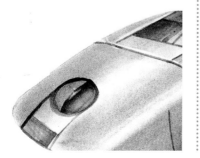

4

吸尘器顶部有一块方形平面和一个圆形的高反光按钮。对于方形屏幕，采用转笔法与灰阶推移的笔法表现；对于圆形按钮，则使用燕尾式反光带的画法。

使用硬质橡皮的边缘擦拭出白色的分型线。但凡机上不同块面的衔接，一般都会出现分型线。在色粉底色的白线旁再绘制一道黑线，就会让缝隙跃然纸上。

但需要注意白线与黑线的左右或上下的位置关系，绘反了位置，分型线缝隙状的视觉感受就没有了。

5

背景与阴影均采用具有清晰锋锐边缘的色块。

背景选择了比较经典的配色方案：橘黄到橘红的渐变。两边的颜色均用转笔法形成彼此融合。最后，在橘红的一边绘制2、3笔深红色转笔笔触。在进行转笔绘制时，注意在色块与产品主体交界处停笔，避免过多的马克笔笔头痕迹出现在产品轮廓上。

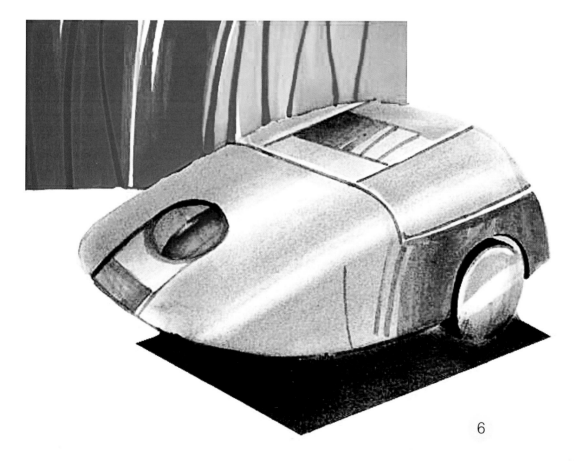

6

9 家居轻工产品类·婴儿推车

本例表现对象为一款婴儿推车。形态的细节较多，绘制时长在45分钟左右为宜。

本产品在绘制线稿的时候，应适当留意其透视，推车的支架支撑了杂物兜、遮阳棚、坐厢等。这些部件之间的关系要表达清楚。

1

2

首先，对婴儿车的主体部分进行色粉上色，主要是几个大的织物材质的部件，遮阳棚、杂物兜等。在本环节，色粉上色时以大块面的明暗关系为主。不要担心色粉超出了部件的轮廓。即使超出，用橡皮擦除即可。构建比较细碎的产品，局部可使用棉签进行擦抹晕染。

这一步晕染的时候，由于边缘不清晰，画面往往会显得模糊杂乱，需要绘图者以更大的耐心和细致去推进接下来的绘制步骤。

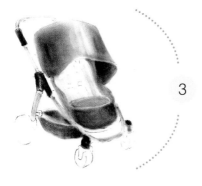

3

使用颜色更深的蓝色和棕色色粉棒绘制暗部，让产品的立体感逐步呈现。尤其是遮阳棚的倒U形，通过加深两侧和内部，让形态关系更加清晰。

推车的支架为管状形体，可以理解为杆形的圆柱体予以表现。在第一遍色粉上色时，由于比较狭窄，可以使用棉签粘上色粉后再绘制。

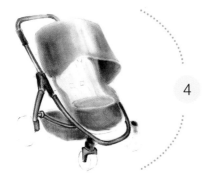

4

为了让产品的结构更加清晰，先绘制推车支架。在第一遍色粉基本上色之后，使用马克笔对形态立体感进行塑造：①用浅色马克笔沿着管子两侧进行绘制；②管子的中央尽量保留些许的留白，形成管状的亮部；③用中深调马克笔适当加深管子的接头和弯折处。于是，贯穿整个推车织物部件的支架就比较清晰地呈现出来。

接下来绘制几处棕色的连接构件和车轮的支架。这些地方比较琐碎，均归纳概括为相应的形态来绘制明暗关系，如圆锥体、圆柱体、圆环等。每一处细节均使用相应的形态明暗表现方式。

使用蓝色调马克笔绘制婴儿车坐厢周围的织物围挡：座位两侧的侧翼挡板和前部U形弧度的脚挡。使用马克笔重复形成渐变，再绘制3、4笔的转笔。

绘制支架前端、位于两个前轮之间的金属板筋。由于其位于整个产品的最前面，因此这里是本产品绘制时需要注意的一个细节之一：①板筋挡板本身的形态为稍有弧度的"（"形；②具有一定的厚度；③为金属材质。因此，使用灰阶马克笔时注意表现出金属的调性，如暗部到亮部突然过渡，亮部留白，形成光泽性。

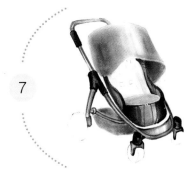

表现透视角度能够看到的三个车轮。距离画面最近的右前轮须细致刻画，而另外两个轮子可以粗略表现，形成远近虚实关系。

使用马克笔绘制坐厢：①坐厢内坐垫与坐靠本身的形态，主要是运用马克笔形成渐变色调；②遮阳棚在坐厢内形成的阴影。

要注意，粉色坐靠上形成的阴影不是黑色阴影，而是阴影区域内深红色的坐靠，阴影中的坐靠依然具有比较清楚的形态关系。

9

用针管笔勾勒产品轮廓。值得一提的是，除了轮廓线以外，还应对构件的厚度进行细节刻画。如支架上的圆柱形连接构件的厚度、遮阳棚的织物厚度、安全带的链接扣等细节，均在进行外轮廓勾线时同步完善刻画。

10

技法结合·色粉 + 马克笔 + 彩铅

工业设备产品类·头盔式设备

本例表现对象为一款头盔式设备，实为一台游戏辅助治疗仪的概念设计（以下简称"头盔"）。产品造型层次比较丰富，绘制时长在45分钟左右为宜。

由于造型层次多，线稿绘制时需要不同块面和不同形态之间的叠层关系。本产品的绘制将综合前述的三大类技法。

1

首先用黑色色粉表现产品的顶部与底座。需要强调的是，黑色色粉用量需谨慎，从色粉棒上刮削的粉末一次性不要贪多，少许为好，颜色深度不够再进行二次上色即可。一旦贪多，非常容易缺少色调的变化，即俗称的"一坨黑"。

2

头盔底座的块面感由颜色深浅变化来塑造明暗交界线。这里使用了擦拭法，并且使用了扁平嘴的橡皮头工具。该橡皮的扁平头有两个优点：一是擦拭白线，利用平头棱角擦拭很轻松可以办到；二是擦拭渐变，利用平头的腹部进行压抹就可以形成不突然的深浅变化。若没有此工具，使用硬质橡皮的侧棱可以实现第一点的效果，用橡皮侧边可以实现第二点的效果。

3

通过硬橡皮的擦拭，底座部分形成了深浅变化。对于深色色粉底色来讲，橡皮的擦拭与压抹也是另外一种形式的晕染。与使用化妆棉和棉签晕染不同的是，化妆棉等晕染是为了上色，而橡皮是为了去色、减淡。两者都有着均匀渐变色调的晕染功能。

4

5

使用浅灰色马克笔绘制头盔底座的渐变。马克笔溶解了些许的色粉，再加上自己的色调，因此形成更加清晰的渐变，在细腻色粉质地上平添了几分锐利的清晰感。经过马克笔叠加，色粉得到了一定程度的固化。

同样，在亮部绘制2、3笔细笔的笔触，形成光影感。

根据上述步骤，采取同样的方法绘制头盔深灰黑色部分的造型层次，如头盔后部弯曲的立面与平面（包括壳体厚度）等。

6

总结概括大致步骤是：

⑴ 黑色色粉上底色。

⑵ 用橡皮擦抹形成深浅过渡与明暗关系。

⑶ 用浅色马克笔进行叠加，一是固色，二是强化明暗渐变。

⑷ 用马克笔在亮部形成笔触。这一点为非必要步骤，有的造型块面无需笔触。

接下来进入马克笔上色的环节。

用马克笔表现头盔上部的弯曲造型。使用橘黄色马克笔进行排笔铺陈。注意在亮部预留些许留白作为高光光泽。

7

在黄色马克笔底色基础上，使用浅灰色马克笔进行叠加。有的是表现局部的阴影，有的是表现形态的明暗渐变。

黄色壳体部分整个用笔都很细腻，没有追求笔触感的粗犷，而是追求色彩渐变的均匀性。

还有一块位于头盔后部的蓝色金属片。这部分尝试在前面已有的色粉与马克笔基础上加入水溶性彩铅来表现。

8

由于之前的色粉与马克笔技法在头盔上运用都呈现出了细腻性，因此在铅笔排线的时候，也需要纤细密集地布线。

在营造金属光泽的时候，亮色（即留白部分）与暗部的过渡要迅速，才能形成反光感受。

⑨

⑩

铅笔上色完毕后，将排笔润水对铅笔线进行晕染。一边排列式用笔，一边用卫生纸吸取多余的色调。在留白处，使用清水洗净后水分较少的笔汲取周边的颜色，以强化此处的反光。

然后，用铅笔绘制头盔上的孔、凹凸按钮造型、凹凸的缝隙等。其中，白色干铅笔具有局部提亮的作用。

头盔的主体绘制都很细腻，因此，在绘制它的阴影时采用了粗犷和随性的风格。用中度灰色的马克笔打底，铺陈绘制出阴影的位置与面积；然后用深灰色马克笔进行粗笔排线，但略有跳跃性，不要完全一笔一笔地紧挨，应偶尔透出底色的浅灰调；在产品的边缘使用黑色强化色调的对比。至此，产品主体的表现基本完成。

本产品的背景没有采用色块，而是用绘制密集英文字的形式来达到一种近似背景的效果，最后写上产品名称等进行点缀。至此，整个产品的手绘表现完成。

需要再三强调的是，学习工业设计手绘快速表现技法的根本目的是应用：应用于设计创意的表达、快速地展示和与人沟通、呈现设计思考过程……诸如此类。前面两章的内容，一个是围绕单一技法的讲解，一个是围绕不同技法之间的组合，以提升技法本身的掌握程度。初学者若一路跟随式练习下来，照着绘制，哪怕没有步骤解析图，只要有最后的手绘效果，也可以临摹得惟妙惟肖，甚至还可以融入个人的一些技法习惯，变得"很有范儿"！但相当多的人往往会面临另一个困境：模仿得很像，技法也已经娴熟，但却依然不会运用习得的技法来表达脑子里想象的样子，即所谓的创意，甚至也无法运用之前的各种技法和经验窍门来再现生活中某个现实的产品或物体。

这种困境就像一个技法Gap（鸿沟），它位于单一的以技

学习状态	技法 G A P	现实状态
技法训练		技法应用
目的 A	运用	目的 B

图 7-1 技法 Gap 示意

法训练为目的和以技法应用为目的之间，如图7-1所示。

手绘技法"应用目的"难道是为了画而画？是为了展示手绘本身？在学习的状态下，答案是"是"；但在现实的状态下，即对于学习手绘的根本目的，答案显而易见是否定的。如果将技法训练的方式直接移用到目的B上，是无法逾越技法Gap的。目的A与目的B之间需要一个桥梁，穿越或跨过技法Gap，从而破局之前提及的困境。那么，这个扮演桥梁角色的就是"技法运用"，且是基于技法应用（目的B）：从技法训练，经过运用的方式，抵达技法应用。

具体的将单纯的技法学习向技法运用转化的方式，需要考虑这个转化是否源自学习状态，即初学者的技法基本功是否扎实牢靠，又需要考虑转化后达到的是否为现实应用目的。基于这些考虑点的限制性，可以有三种方式来衔接技法运用的训练：

(1) 针对现实的物体或产品实物，通过恰当的技法将其表现于纸上。

(2) 针对头脑中的构思或创意想法，通过手绘将其视觉化呈现。

(3) 针对设计实务项目，把设计手绘嵌入设计开发的全过程。

上述三种方式，难度依次递增。其中第三种方式，设计手绘若是为了设计的表达，而并不包含任何技法本身的展示因素，即设计项目中手绘表现仅仅是以创意表达的一种方式存在，这种情况则完全属于技法应用，并不具备运用练习层面的含义。因此，手绘技法的运用要扮演这个跨越Gap的作用，必须依然立足于技法训练，即依然蕴含学习与练习的要求，并非完全脱离A端而抵达了B端。

根据"技法运用"这一跨越Gap的过渡期的训练目标，接下来可以在进阶练习基础上对身边的实物产品进行手绘表现。根据实物的真实样子，先思考使用何种恰当的技法、采取哪些具体的表现窍门来使其"跃然纸上"。

实物表现·旅游纪念品

水溶性彩铅技法

这是一款木鱼形态的旅游商品。

蛙嘴衔住一根一头粗一头细的木棒，取出木棒在三角形起伏的脊背上刮动，木头便会产生类似蛙鸣的连续撞击声音。

尽管该木鱼身上基本不可见木纹的肌理，但为了增加木头材质的视觉感受，可以运用彩铅技法的特性予以呈现。木鱼身上有比较多的细部造型，如脊背、脚蹼、眼眶等，若使用色粉来表现的话不够细致，若使用马克笔则木纹肌理不如彩铅的效果。因此，出于上述一些考虑，决定使用彩铅来表现该产品。

此木头雕工比较粗疏，考虑使用色粉色块背景来衬托，一则形成质地的对比，二则通过鲜亮色调进一步烘托产品主体。

绘制此产品的线描，采用切线的方式绘制大致形态，起伏的脊背则注意绘制出其透视效果。

①

②

蛙形整体用棕色彩铅约斜向20°～30°排线。局部则遵循相应的明暗表现关系，如木棒为横向排线，嘴部为垂直排线。

③

刻画4处深浅细节：脚蹼的褶皱，眼眶的凹凸，脊背的起伏，后退的凸面。

④

由于眼睛位于中央非常重要的位置，因此需要对其进行精致刻画。它的雕工层次较多，外眼眶突出，内凹陷，内部再突出半球形，半球上再凹点。

用排笔蘸水进行渲染，注意控制笔头的水分。由于木头较干涩，水分不宜过多。

挨着晕染蛙形的各个部位。其中，右前腿等通过更干涩的晕染，与左前腿的细致形成虚实对比。

⑤

晕染完一遍之后，使用黑色彩铅绘制蛙形的暗部，如眼眶的暗部、嘴巴下部、嘴里衔接木棒的暗处、背部三角形的暗面、脚蹼的角落，通过加深进行刻画。

⑥

用黑色铅笔绘制木鱼的阴影，包括整体形态的阴影、嘴巴在木棒上的阴影、右前腿下部的阴影。

⑦

最后，使用深棕色铅笔绘制木纹肌理。

体态边缘深，逐步渐变到身体中央减淡；边缘纹理密集，逐步渐变为稀松。嘴巴下面的暗部使用黑色铅笔局部勾勒，逐步渐变对接棕色纹理。

绘制鲜亮绿色的色粉背景，衬托蛙形木鱼的木质感。

⑧

115

绘制时长约45分钟

本实物产品绘制要点回顾：

⑴ 产品的雕工粗疏豪放，因此铅笔线描使用小段的直线条较多。

⑵ 铅笔的深浅表达出木头雕刻的细节，以眼眶、脚蹼、背脊等为明暗表现的重点。

⑶ 木纹肌理绘制疏密有致，体现深浅变化。

在铅笔排线的时候，注意控制时间节奏，将更多的时间预留给晕染与细节的刻画。

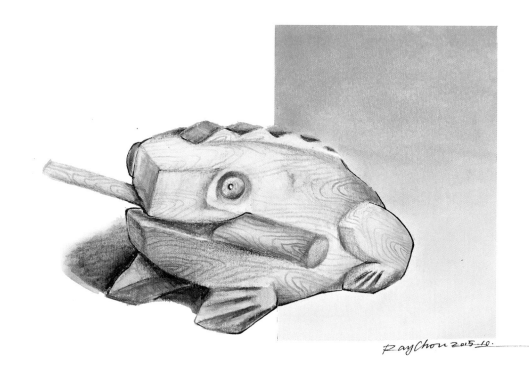

实物表现·麋鹿圣诞布偶

1

水溶性彩铅技法

　　这是一个麋鹿造型的迷你布偶，属于圣诞节应景小礼物，也是节事性的旅游商品类型。

　　要在较短的时间内快速表现这款产品，必须分析各类技法的优劣，合理运用。

　　布偶是动物造型，整体与局部均呈不规则的形态。材质均为织物与布料，没有明显的反光、高光等特征。

　　用马克笔表现最为快捷。但相对而言没有彩铅细致，颜色深浅过渡不如色粉细腻。考虑到这是一款迷你小布偶，整体要突出"小"的精致感，那么彩铅与色粉均可。若增加布料衬布的布景，可以更加烘托突显精致，那么使用彩铅绘制衬布速度更快些。综上考虑，运用彩铅技法绘制本布偶产品。

①

　　绘制布偶的线稿时，注意以布偶鼻子处的嘴唇接缝为中轴参考线，避免透视的扭曲。玩具布偶类产品，由于形态轮廓的随意性略大，各部位容易产生透视而不协调。

　　铅笔布线。

　　首先，逐一对麋鹿布偶的各身体部位进行彩铅排线，绘制其形态的明暗。

　　头部、嘴巴、身体、四肢均可以概括性理解为椭圆球体予以表现。

②

彩铅排线时，注意加重加深犄角旮旯处的颜色深度，如鹿角的凸起起伏和手部下的阴影。

3

绘制布偶下的衬布。

这里选择了深绿色的衬布，深绿色与大红色搭配对应圣诞主题。麋鹿的足部和围巾、耳朵等是红色条状斜纹。衬布的深绿与其形成弱对比的视觉效果。

4

排笔润水渲染。

对于均匀的效果：技巧的要点口诀为"一笔一笔染"，即不要来回涂抹式运笔，正确的方式是挨着排笔。

对于干净的效果：技巧的要点是收敛水渍，即中途不要断笔，起笔与止笔均在轮廓线上。止笔时将形成的多余水分吸干。远处的衬布予以较干的虚化处理。

5

绘制时长约45分钟

本实物产品绘制要点回顾：

(1) 对布偶的形态要有归纳性的理解，按照椭圆球体、圆柱体、三角体等进行明暗的排线。

(2) 加深角落处的颜色深度，然后给予渐变过渡。

(3) 晕染注意点：①运笔的方向；②收敛水渍；③控制水分与颜色深浅的关系。

迷你布偶的体积小，使用彩铅晕染色调，再用针管笔勾勒针脚线，形成细腻的精致感，从而呼应这种小巧的体态。由于需要追求一定的加水晕染的均匀度，同时也增加了衬布的表现内容，时间较单个的布偶绘制有所延长。

2 色粉技法

上一个麋鹿造型的圣诞布偶是用水溶性彩铅来表现。布偶类玩具同样适合用色粉来快速描绘，因此，同样的造型，本次使用色粉。

色粉表现布偶、绒布、毛绒、皮草等产品的优势在于能够体现绒毛与织物的质地感受。

线描稿完成后，使用橡皮适当地减淡笔痕，避免影响上色效果。

1

2

为了突出麋鹿的动物形态，使用了棕色色粉。

首先从头部与嘴部开始施粉与晕染。色粉在晕染球状形态时，化妆棉擦抹沿着轮廓的边缘开始，以"（"形的方向施力进行晕染。同时，暗部用力重些，亮部力道轻些，色粉就自然而然形成了渐变。

3

全部施粉上色一遍。对暗部进行第二次施粉与晕染，整体形成一定的形态立体感。

4

进一步强化形态的立体感。

用棕色色粉棒直接绘制暗处与角落。然后使用棉签来晕染衔接主体色调。这可以算作第三次上色。至此，麋鹿布偶整体形态的色粉绘制基本完成。

绘制红色布料部分。

其中，围巾垂下的毛穗使用色粉棒的棱角绘制，再用硬质橡皮的棱角擦出白线间隙，最后用棉签擦抹晕染。

5

第四次色粉上色：用黑色色粉绘制布偶的深色暗部与身体上的阴影部分。

(1) 深色暗部，如耳朵背面、腿部下面、鼻头下部、鹿角的背面。

(2) 体态阴影，如手臂下阴影、嘴巴下部阴影、腿部阴影、颈部围巾下的阴影。

6

绘制眼珠。眼珠虽小，但依然要注意其球体的形态，并在上面点上高光点。

绘制整体阴影。采用正面受光投影、背后虚化的阴影表达方式。

7

(1) 用软橡皮吸附粘黏于球状身体亮部的色粉，从而达到提亮与强化球形的作用，并擦出围巾的厚度。

(2) 绘制色块背景。

8

绘制时长约40分钟

对比一下彩铅与色粉技法表现的同一个产品。水溶性彩铅经过润水晕染后更加细腻，而色粉对表现绒布材质效果更佳。但黑色色粉叠加后很容易让色彩明度降低，有一种污色的负面感受。而黑色铅笔局部上色后依然可以保持颜色清朗。

本实物产品绘制要点回顾：

(1) 色粉对球体（椭圆球体）、圆柱体等的晕染。

(2) 围巾绒毛的表现。

实物表现·小马玩偶

色粉 + 马克笔技法

　　这是一款表面为绒毛布料的小马造型玩偶产品，为常见的旅游商品。马鬃与尾巴为长的绒线，嘴部下面的缰绳上系着一颗金属铃铛。

　　根据上述造型的特征，可以使用色粉为主马克笔为辅的技法方案。色粉在表现绒毛材质方面具有明显的优势；而铃铛体积较小，适合用马克笔表现，可以更快捷地描绘出金属质感；缰绳比较窄，呈条状，使用色粉表现小面积的色泽变化不如马克笔快捷。因此，本产品将运用色粉+马克笔的组合技法。

　　绘制线稿环节，马鬃与尾巴的毛只勾画大概轮廓，不要表现任何毛体细节。

①

②

　　适当擦拭掉去线稿上的铅笔笔迹，然后开始上色。沿着小马形态的边缘开始施粉。

　　用化妆棉擦抹晕染时，按着擦抹，切不可"乱涂"。

③

　　在下巴部位、腿部、腹部等进行专门加深，形成更明晰的立体形态。

123

4

绘制马鬃与尾巴时，采用"压抹—提笔—虚化"的形式用化妆棉对色粉粉体进行绘制。

5

在毛体大形出来后，用硬橡皮的棱角擦拭，绘出一条一条的白线，再用色粉棒的棱角绘制出一道一道的棕色线。白线与棕线彼此交错穿插，从而形成一簇簇毛发。

6

对布料衔接处的接缝和马蹄与腿部衔接的接缝进行表现。

7

专门对铃铛进行刻画描绘。

使用马克笔表现金属光泽的大致步骤是：

(1) 浅灰色打底。

(2) 浅灰重叠晕染，形成深浅变化。

(3) 中灰绘暗部，使金属的笔触明显而强烈。

(4) 白色色粉点亮高光。

8

在之前营造的布料接缝处，使用针管笔——绘制针脚线的虚线。这个步骤不要急躁，挨着缝隙边缘进行细致绘制。

用马克笔绘制缰绳，注意缰绳的厚度和翻转情况，依然要有明暗深浅的变化。

绘制时长约45分钟

本实物产品绘制要点回顾：

(1) 色粉为主，晕染形成小马的体态。

(2) 对马鬃与马尾进行专项表现。

(3) 对马铃铛的金属进行专项表现。

小马的形态通过色粉可以比较快地呈现出来，而毛发与金属铃铛均需专门刻画，这两处虽然绘制面积不大，但耗时并不短。

实物表现·洁面仪

色粉 + 马克笔技法

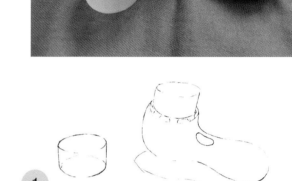

这是一款手持式洁面仪。

要快速表现这款产品，先要分析使用什么技法最便捷：

（1）洁面仪的形态为流线型，比较圆润。使用色粉可以比较快地呈现出圆润均匀的色调。

（2）洁面刷头为毛状。色粉绘制毛茸茸的效果更加柔和逼真。

（3）造型上相对具有结构性的构件是刷头的卡接圈，有凹凸槽。这些细节表现使用色粉的话会受限于面积太窄，而使用马克笔则相对容易，可以在较短的时间内呈现出立体形态。

综上考虑，本产品的表现将运用以色粉为主、马克笔为辅的技法方案。

线稿打形完毕后，适当地对颜色过重过深的线条进行擦除减淡。

先绘制洁面仪的圆润机身。施加些许的黑色色粉。

涂抹晕染暗部，将亮部留白。由于是流线型造型，而且机壳为亚光塑料，因此不必过多强调明暗交界线。

表现毛绒类产品构件的色粉专项技法：①色粉擦拭，虚化毛端；②硬质橡皮擦出白线；③有力擦拭的白色痕迹清晰在前，减小力道擦拭的模糊白痕在后，从而形成有前后关系的毛簇；④绘制墨线，与白色痕迹交叉使用。

④

⑤

从暗部开始，使用马克笔叠加于色粉底色之上。

刻画刷头卡接圈。将浅色马克笔与深色马克笔共同配合使用。

浅灰绘制笔触，宽笔与细笔交叉。该环节要求快速，寥寥几笔就呈现出光影感受。

擦拭出按钮的亮部，并使用马克笔绘制按钮的厚度。

最后绘制模糊范围的阴影。

绘制时长约25分钟

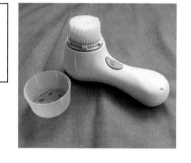

本实物产品绘制要点回顾：

(1) 毛刷刷头的表现。

(2) 卡接圈的造型层次。

(3) 流线型的圆润机身。

由于形态比较简单，应该适当提速。不必苛求产品表现的细腻程度，而应追求用色粉与马克笔匹配来高效快速地表现出产品形态。

实物表现·布艺小狗公仔

色粉＋马克笔技法

这是一款牛仔布材质的小狗玩具公仔。牛仔布属于一种靛蓝劳动布，颜色比较深。若使用彩铅绘制，颜色深则需要较多的排线，过程比较耗时。因此，就小狗的圆润身体，可以考虑运用色粉进行形态的塑造。

公仔上的眼镜纽扣细节，面积小，适合使用彩铅或马克笔。但若底色为色粉，则彩铅润水晕染要非常仔细，否则水会对色粉有污染影响。综上考虑，运用色粉＋马克笔的技法来表现该玩具公仔。

1

织物材质形成的褶皱、弯曲等，色粉与马克笔都可以进行较细腻的表现。绘制线稿的时候，需要绘制中央的结构线，避免头部的耳朵、眼睛、鼻子等出现歪曲不协调。

2

3

从小狗身体的暗部开始施粉，即脑袋的下端一侧、身体下端的腹部部位。牛仔布的靛蓝色比较深，用粉的数量也较多。

用棉质化妆棉进行晕染，使用比较宽的接触面。在眼睛、鼻子、嘴部进行一定的留白。

4

色粉晕染整体形态完毕后，使用马克笔绘制小狗的暗部。多使用宽笔转笔，少使用细笔转笔。宽笔转笔更多是塑造形态，细笔则侧重于光影。

5

公仔的耳朵、蝴蝶结等由马克笔绘制形成折纹。鼻子旁的衔接布纹也可以形成比较明确的突出的肌理。

小狗腿部的暗色则由马克笔形成由深到浅的渐变。

6

用马克笔中灰调绘制身上的阴影，如蝴蝶项圈下的阴影、鼻子的阴影、脊背上的阴影。

然后绘制出用纽扣制作的两只眼睛的基本形态。

7

以下重点进行细致刻画：

(1) 纽扣眼睛的层次，包括纽扣的厚度、里面的凹凸面的形态关系。

(2) 两只耳朵，布纹的褶皱起伏感，要表现出柔和的折痕。

(3) 蝴蝶结的褶皱及阴影。

8

用针管笔勾勒一部分轮廓，表现手绘的细节性。

9

刻画纽扣眼睛和耳朵褶皱的细节。

129

10

11

接下来重点刻画布料衔接处的接缝及其针脚线。"一黑一白""一阴一阳"的线条组合即可凸显出缝隙的感受。用白色丙烯点出小狗纽扣眼睛上的高光。

最后，绘制出位于尾巴附近的LOGO标签和整体的阴影。

 绘制时长约50分钟

本实物产品绘制要点回顾：

(1) 整体形态使用色粉进行晕染，以表达出圆润的体形。

(2) 用马克笔的宽笔头强化整体的明暗深浅关系。

(3) 用马克笔表现织物褶皱与接缝，包括细致刻画耳朵的褶皱、蝴蝶结的褶皱和布料接缝。

(4) 细致刻画制作公仔眼睛的纽扣的形态细节。

实物表现·转笔刀

色粉 + 马克笔技法

这是一款呆萌风格的热带鱼造型转笔刀，外壳为塑料。

转笔刀的造型由诸多的球体和椭球体组合而成，圆润光滑。其中，嘴巴下的腹部为透明的罩子，便于使用者观察里面铅笔屑的装盛情况。

反光的塑料壳和腹部透明罩适合用马克笔表现。转笔刀的整体颜色为粉色，可以使用色粉来铺陈基色，从而达到快速上色的目的。因此，该转笔刀产品使用马克笔为主、色粉为辅的技法方案。

造型尾部为摇把，摇把的内部是腔体结构，在线描打形时予以清楚的表达。

①

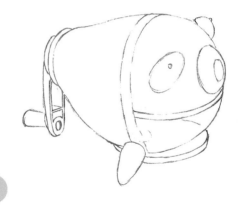

②

用色粉对整个产品进行全域性的施粉，轻轻晕染。很快，整个塑料外壳的粉色底色上色完毕。该环节注意暗部颜色适当深一些。

③

浅粉色的塑料壳使用粉色马克笔进行转笔法上色。深粉色的塑料壳部分则使用红色马克笔进行转笔法上色。

其中粉色壳体部分注意预留出空白区域，对应塑料的反光。

④ 使用马克笔逐一表现眼睛部分凸出的椭圆体和嘴部扁平的圆柱体。

使用灰色对摇把的腔体结构进行刻画。

用浅灰色表现透明的腹部：保持斜向垂直运笔，切不可形成纵横交错的笔法。运笔均为转笔法，适当间隔留白空间。浅灰色可略微强调透明罩里面的形态，使之形成叠影，强化透明的感觉。

⑤ 用钛白色丙烯勾勒透明罩上的高光线、高光带（条）和壳体的厚度；再用浅灰色在暗部进行叠加，加深暗部，与高光线形成强烈反差。

 绘制时长约40分钟

本实物产品绘制要点回顾：

(1) 使用色粉统一大面积上底色。

(2) 用马克笔的转笔法来塑造形态的明暗关系。

(3) 细致地专项刻画内容：①透明罩；②摇把的内部腔体；③嘴部扁平圆锥体的凹凸层次。

粉色与红色壳体之间衔接的带状壳环，通过明暗与高光线来表现其缝隙、台阶式的厚度等。

实物表现·小黄人水壶

马克笔技法

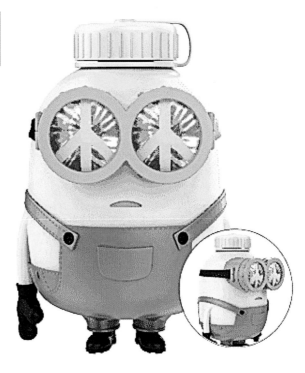

1

这是一款小黄人卡通造型的水壶。身子为壶身，手提式盖子位于头顶。小黄人戴了一副夸张的凸出眼镜，身穿蓝色背带裤，这些造型均属于壶身的一部分。

为了在较短时间内（小于30分钟）表现出整个造型，选择马克笔。就时间长短来比较的话，马克笔在几种技法中具有明显的优势。

2

用黄色马克笔进行第一次上色。值得一提的是，由于黄色的明度高，因此，无法仅仅通过一种黄色的颜色叠加形成明暗深浅。

第一次上色，技法熟练后，重复与转笔法可同时交替使用。在水壶的亮部预留足够的留白空间。

3

选择明度低些的黄色，在暗部进行颜色叠加。

4

绘制蓝色背带裤造型。

用三种蓝色绘制：浅蓝色作底，中蓝色叠加绘制深浅变化和亮部的2、3笔笔触，深蓝色绘制暗部（两侧与下部）。

绘制眼镜造型。

与蓝色部分一样的是，使用浅、中、深三种灰阶来表现形体。

5

绘制足部造型。

本例对足部形体进行了一定的简化，使用了圆形弧面凸起的形态。马克笔需要放射状运笔，即以腿部为中心，向圆的边缘运笔。

6

使用近色的深色绘制暗部与阴影，如手臂的阴影、盖子的阴影、腿部的阴影等。

7

凸出的眼镜是该水壶形态最夸张、最突出的造型，应对其形体的明暗关系进行重点表现。

8

眼镜的正面，使用了"燕尾式"的反光表现技巧。

最后，在整个形体的一侧边缘，使用较粗的勾线笔进行勾勒，突出Q萌的风格。

绘制时长约30分钟

本实物产品绘制要点回顾：

（1）黄色部分的明暗深浅关系需要使用明度降低后的黄色来表现，仅仅依靠柠檬黄无法有效表现。

（2）三种深浅的蓝可以完成背带裤造型的塑造。背带裤是附着于壶身的壳体，有一定的厚度，该厚度在勾勒时依然要注意其深浅的变化。

（3）重点表现眼镜造型，包括圆柱体形态、眼镜带的深浅渐变、眼镜正面的光影。

实物表现·座机电话

马克笔技法

这是一款家用座机电话，包括一个充电基座。

(1) 电话具有一个电子屏幕，使用色粉、马克笔、彩铅等都可以比较快地表现。

(2) 听筒部分有凹陷的造型层次，使用彩铅需要细腻排线，从绘图时间上考虑，色粉与马克笔略有优势。

(3) 电话有诸多按键，包括数字按键、功能选择按键等。对于比较多的小部件，色粉表现起来比较耗时，而且形态塑造时需要更仔细地处理厚度、边缘等。

综上考虑，选择运用马克笔技法来呈现该座机电话。

座机电话属于消费电子产品，兼具一定的设备属性，使用直尺等工具来打形，赋予其科技、理性的特征。在绘制电话按键面时，注意单个按键的透视要与整个电话的透视一致。

①

②

把整个电话的按键面与屏幕理解为块面的一个面进行整体上色。用浅灰色进行第一步铺色，右侧暗部略深。

(3)

(4)

在浅灰色基调上适当提升深度，但不要直接使用中灰色。中灰色对于电话来讲依然偏深了。

用不同的灰阶彼此配合来表现听筒部分的凹凸关系。而表现此凹凸关系的重要经验是，暗部与亮部位置往往互反，并且要注意色调的均匀过渡与衔接。

逐一绘制按键。

把每一个按键当作一个具有一定厚度的凸起或椭圆块儿。在浅灰底上，深灰作厚度，中灰作按钮面。由于电话插在基座上，基座部件会在电话的下部形成一定的光线影响，所以位于下端的按钮色调比上端的略深。

(5)

(6)

绘制屏幕。采用典型的马克笔色阶推移法，在屏幕框范畴内从黑过渡到浅灰。

绘制基座。使用略带咖啡色调的暖灰色绘制基座的壳体背部。通过马克笔的色阶推移法，形成了比较均匀的深浅变化。

在基座壳体的明暗渐变基础上，再绘制2、3笔深色的细笔笔触。

刻画基座内部的阴影关系，使电话形成一定的突出效果。

7

　　进一步表现位于电话整体暗部的按键面上的按钮，加深其按钮色调。

　　添加电话在基座上形成的阴影，并适当表现电话背部壳体上的反光效果，同时加深基座楔形转角处的色调，强化块面立体感。

8

　　绘制屏幕的反光带。无论是内屏还是外屏透明罩，整体地表现右侧的反光带，并使用白色绘制屏幕上的高光。

　　绘制整个产品的投影。深灰与黑色的阴影对产品的主体也起到了衬托的效果。

绘制时长约45分钟

本实物产品绘制要点回顾:

(1) 多个按钮组成的按键面是本产品的表现重点。尤其是诸多按键逐一绘制,也是耗时最多的部分。所以本产品的绘制时间略长,并不是产品造型有多复杂,而是产品局部细节较多。

(2) 话机与底座的形态采用渐变的色阶推移,并着力塑造话机插接处的明暗关系。

(3) 屏幕的表现要有层次感,包括内屏、外罩、反光带、高光等,是典型、完整的屏幕绘制方式。

实物表现 · 小鹿玩具

马克笔技法

1

这是一款塑料外壳的小鹿造型文具。光滑的塑料在光线的照射下具有反光，形态小巧而圆润。根据透视关系，4个塑料小轮的其中一个需要表现圈内十字形的交叉结构。

考虑到要快速呈现玩具的圆润形态、高光等，利用马克笔的特性来表现整个物体更为快捷。

在绘制线稿时，小鹿的外轮廓要尽量流畅圆润，并把轮子的内部结构交代清楚。

2

3

用草绿色马克笔作基色。在大面积铺陈的同时使用转笔法加深暗部。留白处作高光或反光。

运笔时注意：头部运笔方向与头部中轴线一致，即矢状面方向；身体大致沿垂直方向。

用深绿色马克笔绘制暗部：

（1）小鹿鼻孔的凹圆。绘制时候需要用草绿色配合进行色调的过渡渐变。

（2）颈部的两侧。颈部可以理解为圆柱体，暗部均在两侧。

（3）下巴在颈部形成的阴影。

④

继续逐一绘制剩余局部，如球形鹿角、耳朵等。绿色部分均是一深一浅配合着使用。鹿鬃、尾巴为黄色，轮子为蓝色，均选择中间色调铺色。

⑤

中间色调铺色完毕后，使用再深一些的色调表现暗部与光影。在轮子的亮面再绘制2、3笔暗色笔触。

⑥

小鹿身体中间有一道比较明显的壳体分型线，为缝隙状，使用"一明一暗"两道线来表现。在绘制白线的同时，把小鹿部件的高光进行点缀。

⑦

对颈部的阴影再进行一次明暗渐变的刻画，即加深下巴部位的暗部，并逐步渐变过渡。

用针管笔绘制轮廓，仅在重要的结构转折处或暗部强调处绘制，而不是全部形态一一描绘。

专门进行细致刻画的地方有：

⑴ 身体下部支出的发条，重点刻画其齿轮边缘的凹凸感。

⑵ 轮子内部的片状结构。

⑧

最后，使用深绿色绘制出小鹿身上的斑点、眼睛、投影等。

绘制时长约40分钟

本实物产品绘制要点回顾：

(1) 用草绿色马克笔绘制身体。

(2) 使用深一些的马克笔在基调上表现凹凸、明暗。

上述两步重点呈现出圆润的、过渡均匀的形态。

(3) 不同的颜色均采用"一深一浅"的搭配方式来绘制相应部件的立体形态。

(4) 刻画细节的阴影，从而强化出形态立体感。

实物表现 · 订书机

马克笔 + 色粉技法

这是一款家用小型订书机。

表现的难点在于下部基座上纵横交错的槽体。若使用彩铅或色粉，均需要对每一个体块逐一渲染，这将会增加表现时间。若使用马克笔，通过重复笔法，在单一的块面上很快就形成了渐变。因此，决定运用马克笔技法来表现，粗估会比彩铅与色粉少用10～20分钟时间。

绘制线稿时要将基座上的槽体结构交代清楚，这一部分不能虚化处理，否则会让整个产品表现欠缺细节。当然，若整体要在20分钟内完成，槽体部分就需要简化处理。

线稿绘制完毕后，用橡皮适当减淡槽体部分的线条颜色。

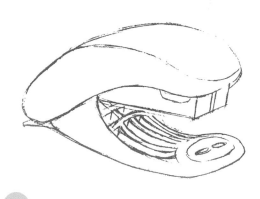

1

2

绘制上盖。

(1) 用浅红色马克笔上第一遍底色。

(2) 第二遍，用浅红色重复叠加，形成深浅的变化。

(3) 第三遍用深红色作暗部表现。

上述过程，马克笔均沿着上盖的弧度运笔。

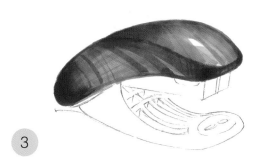

3

使用浅灰色在红色马克笔上进行叠加，以强化上盖的体面关系。在转角处进行加深。

143

④

重点对基座进行绘制。

首先，不用拘泥于基座上是否有其他造型，用浅色马克笔挨着排笔，铺陈一遍灰色的基调。

⑤

然后，先对外部形体塑造深浅关系。

接着对槽体最大的4个块面表现深浅变化。

其中，在压钉的椭圆平面处，保留第一遍灰色基调的垂直用笔的笔痕。在后面表现金属光泽时需要使用。

⑥

接着绘制基座槽体里面每一个方孔的每一个面。在表现上部的钉槽时，浅色马克笔要垂直运笔且不要均匀，以形成光泽感。

同样，用浅灰色对压钉面再次垂直地运笔。

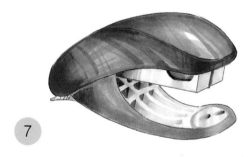

⑦

绘制到这里后，使用浅灰色马克笔运用重复笔法对构件或结构的旮旯角落进行局部的细致晕染，并归整之前马克笔运笔留下的过多的笔痕，减少凌乱感。

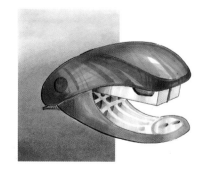

⑧

最后，用针管笔刻画金属的厚度和订书机的轮廓。绘制从深红到浅红渐变的背景色块，衬托并呼应产品主体。

绘制时长约40分钟

本实物产品绘制要点回顾:

(1) 马克笔重复与转笔法综合运用表现上盖,并使用灰阶进行颜色的叠加,强化形态。

(2) 重点刻画下部基座里的槽体,在同一基础色调的前提下,逐一表现每一个方孔里的几个块面。

(3) 对上部的钉槽、下部的压钉面使用浅灰色进行垂直且不均匀的运笔,形成金属的光泽感。

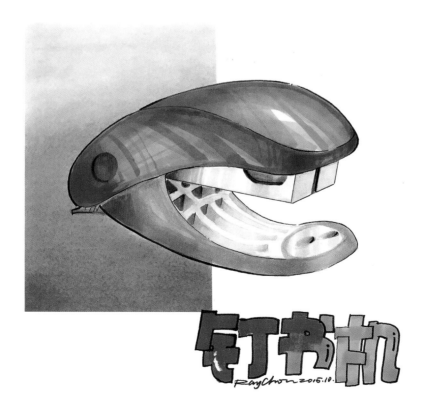

钉书机

实物表现·概念机器人

马克笔技法

①

这是一款概念机器人设计，整体呈圆润的葫芦形态。

其身体基本为光面，没有什么特别的造型层次。可以使用马克笔整体表现，绘制时长约30分钟。

工业设计手绘快速表现既要注意对产品造型的准确表达，同时也要追求"快速"，这与精绘效果图的定位不同。

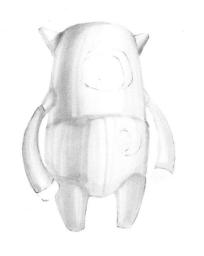

②

③

先不管形态上的凹凸或结构，将其理解为圆润葫芦形，用马克笔统一上色。运笔时注意要有微微弧度，以表现肚子的微凸体态。

重点表现面部凹面侧面的明暗变化。在转折的圆角处，使用马克笔叠加晕染渐变。

在面部重点表现其反光效果特质。

④

⑤

进一步绘制面部反光处的深浅变化和胸部的圆洞。两只手臂与腿部和身体的衔接处需要针对性地刻画明暗关系。

使用隐形胶带辅助绘制色块背景。

绘制时长约30分钟

本实物产品绘制要点回顾：

(1) 注意整体把控时间，在较短时间内完成整个产品的再现。

(2) 头部、腹部、两只手臂与腿部均呈葫芦形，运用马克笔时注意笔法，沿着形态叠痕加深。

(3) 四肢与身体的衔接处呈微微凸起的弧面厚度，使用中灰马克笔进行深浅处理。

(4) 面部的反光光影是表现的重点。

(5) 面部的凹面一侧和胸部的圆洞一侧，要注意灰阶推移形成均匀的渐变。

实物表现·割草拖拉机

马克笔技法

首先分析使用什么技法或技法组合来表现该产品，有如下的考虑：

(1) 绿色车头部分有光影的反光，使用马克笔表现比较快捷。

(2) 产品结构比较复杂，有比较多的细窄的构件，因此不太适合使用色粉。

(3) 由于造型层次多，绘制线稿与逐一表现各个部件需要比较多的时间，需要考虑整个绘制时长。

本例依然定位于快速手绘表现，基于上述几点考虑，本产品使用马克笔来绘制。

机车类产品对透视准确度要求较高，因此在绘制线稿时，不仅要注意整体的透视，还要注意每个构件与相同局部的透视应与整体一致。

绘制该产品的线稿需要耐心细致，其形态结构层次多，如脚踏板的凹凸关系、车头栅格的穿插结构关系等。

1

从绘制车头开始，一并绘制完产品的绿色部分，避免频繁更换马克笔而消耗更多的时间。

绿色第一层，浅绿色铺色彩基调。注意不要平铺得太实在，在车头亮部预留高光的表现空间。

2

③

绿色第二层，中度深浅的绿色表现产品固有色。

高光留白一处位于车头的中轴线，二处位于侧面的明暗交界线处。

马克笔运笔注意起与止都应在形态的轮廓线上，不要中间断笔，过多的断笔会留下笔痕而使画面显得凌乱。

⑤

绿色第四层，深绿色叠加重复形成最深的暗绿色，绘制座椅下面的阴影、车灯的内凹面。

至此，机车绿色部分构件基本表现完毕。

④

绿色第三层，深绿色绘制产品的暗部，如圆弧形态的两侧，中绿色配合，使用重复叠加逐步形成颜色的渐变与衔接。

使用转笔法，变线与细线结合，绘制深色的笔触，营造机壳上的光影。

⑥

接下来表现灰黑色的机车造型部分。

与绿色构件一样，按以下的步骤进行：

(1) 浅灰调打底。

(2) 中灰调绘制明暗渐变，塑造形态立体感。

(3) 深灰调绘制暗部最深处。

至于使用中灰还是深灰色来绘制营造光泽性的笔触，需要结合该构件的整体深浅来判断。整体深则使用深灰马克笔绘制笔触，反之亦然。

保险杠的横面与立面转折处依然要注意留白，形成高光。

⑦

继续推进绘制灰黑调的产品构件。深灰、中灰、浅灰相互配合，形成渐变均匀的明暗色调。并注意对踏板、切割机罩等凹凸线槽、厚度的边缘等逐一刻画。

车头的几排栅格，其透视关系要交代清楚：亮部浅灰、暗部中灰、内部黑色，从而形成比较明晰的结构关系。

⑧

然后开始表现黄色构件。

由于黄色的明度较高，仅仅依靠更换色调依然难以表现出不同块面的明暗深浅。因此需要充分利用马克笔不同颜色叠加互不干扰的材料属性：使用浅灰色马克笔在黄色上叠加，从而表现产品局部形态的明暗关系。

⑨

接下来表现几个车轮。

车轮轮胎的形态关系通过不同深浅的色调进行表现。需要注意的是：

（1）车毂旁的内圈具有较明确清晰的深浅渐变。

（2）轮胎胎压面由下往上形成比较明显的光线变化。

使用白色突出亮部。建议使用钛白色丙烯来提亮亮部。主要有以下几个地方需要提亮：脚踏板的凹凸线槽、轮胎的凹凸纹路、车头的栅格片。

车头的车灯需要进行专门刻画：

（1）淡蓝色作基调。

（2）灰色马克笔绘制内部两个圆形灯罩。

（3）针管笔勾勒网状肌理。

（4）白色丙烯渐变绘制外部灯罩的反光。

（5）最后在边缘暗部点出几滴高光点。

10

绘制机车下面的整体阴影。考虑到轮胎的底部颜色较深，几近黑色。因此阴影使用了浅灰色，更有利于突出轮胎的肌理结构。

绘制时长约60分钟

本实物产品绘制要点回顾：

(1) 马克笔绘制车头的光影。

(2) 马克笔绘制机身部件的阴影。

(3) 马克笔绘制各构件的细节，如线槽、栅格等。

(4) 马克笔形成均匀的渐变关系。

由于造型层次较多，需要有一定的耐心去细致地表现各个构件细节。同时，本例也是对前面章节中提及的各个技巧的综合性运用。

主 要 参 考 文 献

[1] (荷)库斯·艾森，罗丝琳·斯特尔. 产品手绘与创意表达[M]. 王玥然译. 北京：中国青年出版社，2012.

[2] (日)清水吉治. 产品设计效果图技法(第二版)[M]. 马卫星译. 北京：北京理工大学出版社，2013.

[3] (韩)金沅经. 国际产品手绘教程20天进阶技法攻略[M]. 北京：中国青年出版社，2014.

[4] (美)斯莱克. 什么是产品设计？[M]. 刘爽译. 北京：中国青年出版社，2008.

[5] (美)比尔·巴克斯顿. 用户体验草图设计：正确地设计，设计得正确[M]. 黄峰，等译. 北京：电子工业出版社，2009.

[6] 夏寸草，王自强. 产品设计手绘表现技法[M]. 上海：上海交通大学出版社，2011.

[7] 胡雨霞，梁朝昆. 再现设计构想[M]. 北京：北京理工大学出版社，2006.

[8] 张成忠. 产品效果图技法与分析[M]. 北京：北京理工大学出版社，2006.

[9] 刘涛. 工业产品快题设计与表现[M]. 沈阳：辽宁科学技术出版社，2011.

[10] 李和森，章倩砺. 产品设计效果图手绘技法[M]. 武汉：湖北美术出版社，2012.

[11] 周睿. 结合Workshop的电脑时代下工业设计手绘效果图教学改革探索// 屈立丰，周睿，祁娜，等. 工业设计研究（第二辑）[M]. 成都：四川大学出版社，2014：113-118.

[12] 周睿. 思考·创意·表达：针对交互设计技能框架的绘图教学探索//屈立丰，祁娜，周睿，等. 工业设计研究（第三辑）[M]. 成都：四川大学出版社，2015：101-105.

[13] 周睿. 论计算机时代的产品设计手绘表现技法[J]. 郑州轻工业学院学报(社会科学版). 2009，(4)：35-37.

[14] 烩设计. 要达到什么程度才算学会了工业设计手绘[EB/OL]. "烩设计"微信公众号［2016-07-09］.

[15] 郗鉴. "设计门徒"大二练习展示[EB/OL]. 站酷网，http://www.zcool.com.cn［2016-05-05］.

附　录

手绘图例	技法	绘制时长
	色粉 + 马克笔	60min
	马克笔	5min
	马克笔	8min
	色粉 + 马克笔	20min
	马克笔	20min
	彩铅	30min
	色粉	30min
	色粉	30min
	马克笔	30min
	色粉	30min
	马克笔	25min
	马克笔	15min
	马克笔	25min
	马克笔	25min
	彩铅	30min
	马克笔	20min
	彩铅	30min
	色粉	35min
	马克笔	50min
	彩铅 + 马克笔	50min
	马克笔 + 色粉	40min
	色粉 + 马克笔	50min
	色粉 + 马克笔	45min
	彩铅	45min
	色粉 + 马克笔	50min
	马克笔	45min
	马克笔	30min

手绘图例	技法	绘制时长
	马克笔	6min
	马克笔	5min
	马克笔	5min
	色粉	25min
	色粉	25min
	彩铅	30min
	色粉	30min
	色粉	30min
	马克笔	25min
	彩铅	45min
	马克笔	25min
	马克笔	35min
	马克笔	25min
	马克笔	20min
	马克笔	6min
	马克笔	45min
	彩铅	50min
	色粉	50min
	马克笔	30min
	彩铅 + 马克笔	45min
	马克笔 + 色粉	35min
	色粉 + 马克笔	40min
	色粉 + 马克笔	35min
	彩铅	45min
	色粉 + 马克笔	45min
	马克笔	30min
	马克笔	40min

手绘图例	技法	绘制时长
	丙烯	360min
	彩铅	20min
	马克笔	12min
	马克笔	25min
	马克笔	45min
	彩铅	25min
	色粉	30min
	色粉	30min
	彩铅	25min
	色粉	40min
	马克笔	30min
	马克笔	30min
	马克笔	20min
	马克笔	25min
	马克笔	35min
	彩铅	40min
	色粉	50min
	马克笔	30min
	马克笔	45min
	马克笔 + 色粉	35min
	马克笔 + 色粉	30min
	色粉 + 马克笔	25min
	色粉 + 马克笔 + 彩铅	45min
	色粉	40min
	色粉 + 马克笔	40min
	马克笔	50min
	马克笔	60min

致　谢

　　着手绘制本书第一幅快速表现效果图是在 2015 年的暑期，韩飞、彭洁琼、王婧雯、邓楚赟同学作为"澜山工作室"成员辅助我进行联系教室、布置绘制场地等琐碎的工作。秦雪峰、张宇航两位同学则专门负责拍摄步骤图。有了他们的辅助，相当一部分手绘图才得以顺利完成。在 2016 年的 6、7 月，"澜山工作室"新加入的成员朱思贤、冀晓蕊和代瑾同学又来接手所有的手稿，然后由他们三人对所有图片逐一进行编辑处理。这里要特别感谢小朱同学，非常负责地推进这项颇为庞杂的工作。因为在文字撰写过程中多次对图片处理进行返工，哪怕在暑假里，大家也通过远程协助方式积极辅助写书的事务。在此对上述同学的认真负责表示衷心感谢！还要感谢科学出版社的杨悦蕾老师，有了她的不断鞭策才使得写作计划顺利推进。2016 年的夏天似乎格外闷热，很多时候索性整天宅在家里写书。最后要感谢父母的关怀，为我拂去了许多夏日的炎热和写作的枯燥。谢谢所有支持并督促我在教研道路上不断前进的人们！

周　睿

于西华大学艺术学院

2016 年 8 月 2 日

　　这本著作是我们近年设计手绘教学的经验总结，要感谢在课堂教学中向我们提问和与我们交流想法的同学，是他们启发了我们著书的想法。同时，书中也融入了我们在项目设计过程中总结的诸多设计实务经验，即手绘的应用环节。感谢"澜山工作室"的朱思贤、彭洁琼、韩飞、冀晓蕊、代瑾、秦雪峰、张宇航等同学，是他们的辅助让这本书得以顺利完稿。特别要感谢周睿老师，承担了书稿撰写及出版的主要工作。回想起我当老师的初衷，并非因为多热爱这份职业，出身于教师世家让我更能体会其中的幸福和苦涩。我的童年是在父亲异地乡村任教、母亲早出晚归的环境中度过的，那时常觉得母亲爱学生胜过于自己。多年以后我才更深切地体会到母亲的艰辛，明白家训"治学即治事，为师即为人"的道理。我曾自勉，只要有一个人肯听，我就要认真授课；只要有一个人肯问，我就要谨严回答；只要有一个人肯看，我就要专注书写。感谢父母及姨母姨父，你们的敬业精神深刻影响了我。感谢所有关心和帮助过我的人，是你们的善意和慷慨给予我生活的美好。也以此书献给我刚刚出世的孩子，他的到来重新彩绘了我的世界，也带给我新的生活希望。

费凌峰

于成都东软学院数字艺术系

2016 年 7 月 31 日